ZEITSCHRIFT FÜR ANGEWANDTE GEOLOGIE

HERAUSGEGEBEN VON

DER STAATLICHEN GEOLOGISCHEN KOMMISSION

UND DER ZENTRALEN VORRATSKOMMISSION

DER DEUTSCHEN DEMOKRATISCHEN REPUBLIK

AUS DEM INHALT

BAND 10 / HEFT **2**
FEBRUAR 1964
SEITE 57 – 112

AKADEMIE-VERLAG · BERLIN

Die ZEITSCHRIFT FÜR ANGEWANDTE GEOLOGIE berichtet ständig über folgende Arbeitsgebiete: Geologische Grundlagenforschung und Lagerstättenforschung / Methodik der geologischen Erkundung / Ökonomie und Planung der geologischen Erkundung / Technik der geologischen Erkundung / Geologie und Lagerstättenkunde im Ausland. In der Zeitschrift können alle strittigen Fragen der praktischen Geologie behandelt werden. Die Autoren übernehmen für ihre Aufsätze die übliche Verantwortung.

ZEITSCHRIFT FÜR ANGEWANDTE GEOLOGIE

KOLLEKTIVE CHEFREDAKTION

Dr. K. KAUTER (Redaktionssekretär)
Dr. F. STAMMBERGER
Dr. G. TISCHENDORF
Dipl.-Berging.-Geol. G. ZINDLER

BAND 10 · FEBRUAR 1964 · HEFT 2

Über die Qualität und den Nutzeffekt geologischer Erkundungsarbeiten[1])

I. I. MALYSCHEW, Moskau

Die Staatliche Vorratskommission für mineralische Rohstoffe der UdSSR (StVK) analysiert nach Eingang aller Unterlagen für die Vorratsberechnungen im Grunde den gesamten Komplex der Untersuchungen, die auf einer Lagerstätte oder in einem Lagerstättenbezirk insgesamt durchgeführt wurden: die geologische Kartierung, die Sucharbeiten, die Erkundung, die Untersuchung der stofflichen Zusammensetzung, der Qualität und der Verarbeitungstechnologie des Rohstoffes, die ingenieurgeologische und hydrogeologische Erforschung, die Begründung der Konditionen und die ökonomische Bewertung der Lagerstätten. Als Ergebnis dieser Analyse entscheidet die Kommission, ob die Vorratsberechnung richtig und die Lagerstätte zur industriellen Nutzung sorgfältig vorbereitet worden ist.

Bei der StVK gehen jährlich 300—350 geologische Berichte über Lagerstätten ein. Seit 1954 wurden über 4000 solcher Berichte mit Vorratsberechnungen bearbeitet. Während dieser Zeit wurden für einzelne mineralische Rohstoffarten 60—100% der Gesamtvorräte des Landes bestätigt.

Auf Grund der großen Arbeitserfahrung der StVK bei der eingehenden Analyse der geologischen Berichte kann der Schluß gezogen werden, daß zur Lösung der Grundfrage — der Erhöhung des Nutzeffekts der geologischen Erkundungsarbeiten — deren Qualität in allen Erkundungsetappen entschieden verbessert werden muß. Das ist die Hauptfrage, an der alle Geologen des Landes arbeiten sollten, und gleichzeitig die wichtigste Aufgabe des Staatlichen Geologischen Komitees der UdSSR.

Geologische Erkundungsarbeiten sind vornehmlich Forschungsarbeiten, bei denen zunächst keine direkte Abhängigkeit zwischen dem Arbeitsaufwand und den erzielten Ergebnissen erkannt werden kann. Das Bohren und die bergmännischen Aufschlußarbeiten sind jedoch nicht Selbstzweck, sondern lediglich ein Mittel, um das erforderliche Forschungsmaterial zu erhalten. Auf Grund der Untersuchungsergebnisse werden die Perspektiven der erkundeten Lagerstätte bzw. des gesamten Lagerstättenbezirks eingeschätzt. Man sollte meinen, daß diese Binsenwahrheiten allgemein bekannt sind. Dennoch kommt es noch heute vor, daß im Kampf um die Erfüllung des Finanzplanes und des Arbeitskräfteplanes die Qualität und Vollständigkeit der Untersuchungsarbeiten nicht gebührend beachtet werden.

Es ist unmöglich, hier alle mit der Qualitätsverbesserung der Erkundungsarbeiten zusammenhängenden Fragen umfassend zu behandeln. Deshalb werden nur einige dargelegt.

Geologische Untersuchungen

Einer der wesentlichsten Mängel der geologischen Erkundungsarbeiten besteht nach wie vor in der ungenügenden Untersuchung des geologischen Baus des Lagerstättenbezirks. Weil gute, vollwertige geologische Karten des Lagerstättenbezirks und der Lagerstätte fehlen, können häufig Gesetzmäßigkeiten in der Verteilung mineralischer Rohstoffkörper und ihre Bindung an bestimmte regionale Strukturen nicht erkannt werden. In sehr vielen Protokollen der StVK wird auf diesen häufigsten Mangel hingewiesen. Die notwendigen Maßnahmen zu seiner Beseitigung werden jedoch von den geologischen Organisationen nicht ergriffen. Dadurch können die Ausmaße der Lagerstätte und ihre Perspektiven nicht rechtzeitig eingeschätzt werden. Nicht selten werden die Arbeiten auf einen kleinen Abschnitt konzentriert, um die zuerst entdeckten Vererzungspunkte eingehend zu erkunden. Erst nach Jahren wird festgestellt, daß in benachbarten Lagerstättenteilen Vorräte enthalten sind, die die ursprünglich erkundeten um ein Mehrfaches übertreffen und die Ökonomik der Lagerstätte damit von Grund auf verändern.

Es ist kein Zufall, daß in vielen Lagerstätten die Vorräte der Kategorien A + B 70—80% anstatt der geforderten 30—40% erreichen, Vorräte der Kategorie C_2 aber überhaupt nicht berechnet werden. Die bestehenden Preise für geologische Erkundungsarbeiten bieten keinen Anreiz, die Vorräte der Lagerstätte und des Erzfeldes insgesamt einzuschätzen. Für die Vorratsberechnung der Kategorie C_2 müssen einzelne Bohr- und bergmännische Arbeiten durchgeführt werden, die vom Feld der eingehenden Erkundung entfernt liegen. Bei den bestehenden Preisen werden dadurch die technisch-ökonomischen Kennziffern der geologischen Erkundungsorganisationen gesenkt.

Bei der Analyse der Vorratsbilanz der UdSSR fällt das schroffe Mißverhältnis zwischen erkundeten Vor-

[1]) Aus: „Raswedka i ochrana nedr", H. 7, S. 1—9, 1963.
Die deutsche Übersetzung wurde unwesentlich gekürzt. Übers.: H. STÖLZER.

räten der Kategorien A + B + C_1 und den Vorräten der Kategorie C_2 auf. Bei Kupfer betragen zum Beispiel die Vorräte der Kategorie C_2 weniger als ein Viertel der Vorratssumme der Kategorien A + B + C_1 + C_2. Dabei stammen 60% der C_2-Vorräte aus drei Lagerstätten; in allen übrigen Kupferlagerstätten wurden nur rund 9% aller Bilanzvorräte in der Kategorie C_2 berechnet. Ähnlich ist es auch bei den C_2-Vorräten anderer, sehr wichtiger mineralischer Rohstoffe. Bei Blei betragen die C_2-Vorräte nur 23%, bei Wolfram und Molybdän 37%, bei Zinn 30%, Quecksilber 36%, Nickel 13% usw.

Durch die fehlende oder ungenügende Einschätzung der Perspektiven der Lagerstätte und die Nichtberücksichtigung der C_2-Vorräte ist eine richtige Planung der Entwicklung der Bergwerke unmöglich. Ebenso besteht keine Möglichkeit, die technischen Erkundungsmittel am rationellsten einzusetzen, weil kein genügender Vorlauf an erkundeten Vorräten der in Frage stehenden Kategorien vorhanden ist.

Deshalb muß dem umfassenden und qualitätsgerechten Studium der Geologie der Lagerstätte und des gesamten Lagerstättenbezirks sowie der begründeten Berechnung der C_2-Vorräte die allergrößte Aufmerksamkeit gewidmet werden. Für jede erkundete Lagerstätte muß obligatorisch eine Einschätzung ihrer Gesamtperspektive gegeben werden. Wurden keine Vorräte der Kategorie C_2 berechnet, ist das im Bericht entsprechend zu begründen.

Die umfassende, auf hohem Niveau durchgeführte Untersuchung des geologischen Baues der Lagerstätten wird zur Erhöhung des Nutzeffekts der geologischen Arbeiten beitragen.

Von der Sorgfalt der Erforschung der geologischen Besonderheiten der Lagerstätten hängt die richtige Auswahl der Erkundungsmethode und in einzelnen Fällen auch ihr Schicksal ab. Eine Kupfererzlagerstätte im Balchasch-Gebiet zum Beispiel wurde auf Grund der Erkundungsarbeiten nicht genügend eingeschätzt. Die Arbeiten wurden hier wiederholt unterbrochen, dann nach Ablauf vieler Jahre wieder aufgenommen. Erst nach eingehender Erforschung des geologischen Baus des Bezirks und des Lagerstättenreviers, nach der Fertigstellung geologischer Karten im Maßstab 1:50000, 1:10000 und 1:1000 bei Anwendung von Luftaufnahmen gelang es, die geologisch-strukturellen Besonderheiten der Lagerstätte zu enträtseln und das rationellste Erkundungsschema für die Erzkörper festzulegen. Am Ergebnis dieser Arbeiten wurde dann die große industrielle Bedeutung der Lagerstätte erkannt.

Das gleiche kann über die Entdeckungsgeschichte einer großen und reichen Kupferlagerstätte im Südural gesagt werden. Die Sucharbeiten im Bezirk zogen sich mit Unterbrechungen über 20 Jahre hin. Erst die Ausarbeitung einer echten strukturgeologischen Karte führte zur Entdeckung dieser Lagerstätte.

Die Entdeckung und schnelle Erkundung einer der größten polymetallischen Lagerstätten im Altai können als Beispiel richtig und konsequent durchgeführter geologischer Kartierungsarbeiten dienen, bei denen Such- und Kartierungsbohrungen angesetzt wurden. Zunächst wurde durch Kartierung im Maßstab 1:50000 eine günstige Struktur festgestellt. Durch nachfolgende, eingehendere Kartierungsarbeiten und Such- und Kartierungsbohrungen wurde dann innerhalb dieser Struktur die Lagerstätte entdeckt.

Eine der wertvollsten Zinnlagerstätten im Fernen Osten wurde in sehr kurzer Zeit erkundet und erhielt eine richtige industrielle Einschätzung bei minimalem Aufwand an Mitteln, weil der geologische Bau des Bezirks, die strukturelle Stellung der Lagerstätte und deren Besonderheiten rechtzeitig bei der Zusammenstellung von geologischen Karten im Maßstab 1:200000, 1:50000 und 1:10000 erforscht worden waren. Auf dieser Grundlage konnte die rationellste Erkundungsmethodik festgelegt werden.

Leider gibt es neben den angeführten Beispielen sorgfältiger und konsequenter Erforschung des geologischen Baus der Lagerstätten auch viele Fälle einer nachlässigen Einstellung zu diesen Fragen. So wurde von der StVK innerhalb von 15 Jahren bei wiederholter Überprüfung der Vorräte zweier Zinnerzlagerstätten im Primorskij Kraj immer wieder die ungenügende Erforschung des geologischen Baus des Gebiets, der Struktur der Erzfelder und der Morphologie der Erzkörper kritisiert. Es ist deshalb kein Zufall, daß die vorliegende Vererzung vom Stockwerktyp erst 1958—1959 entdeckt wurde, wodurch sich die Größenordnung der betreffenden Lagerstätten schroff veränderte.

Trotz der jahrzehntelangen Untersuchung der Sadon-Lagerstätte und obwohl sie bereits weitgehend abgebaut ist, gab es bis 1958 faktisch keine den Vorschriften entsprechenden geologischen Karten des Bezirks. Das erschwerte die Einschätzung der Perspektive der Lagerstätte und die Wahl der Richtung für weitere Such- und Erkundungsarbeiten.

Die angeführten Beispiele, deren Zahl beliebig erhöht werden könnte, zeugen dafür, daß mit Hilfe rechtzeitig und qualitativ durchgeführter geologischer Kartierungsarbeiten die rationellsten Erkundungsverfahren gewählt und eine richtige Einschätzung der Perspektiven der Lagerstätten und Lagerstättenbezirke gegeben werden kann. Umgekehrt ist es ohne zuverlässige geologische Grundlage unmöglich, die Ausmaße und Perspektiven der Lagerstätten richtig einzuschätzen, selbst wenn kostspielige bergmännische und Bohrarbeiten in erheblichem Umfang durchgeführt werden.

Die Geologen wissen, daß die „Einzelgänger"-Lagerstätten seltene Ausnahmen sind. In der Mehrzahl der Fälle haben die Lagerstätten nicht ein, sondern einige, manchmal sogar viele Lager, häufen sie sich in Erzfeldern, -zonen usw. Leider kann aber mit Sicherheit gesagt werden, daß die Mehrzahl der Erzfelder und Erzgürtel noch sehr schwach erforscht ist, weil qualitative geologische Grundlagen fehlen, die eine prognostische Einschätzung der Vorräte zulassen. Viele Erzfelder wurden durch Sucharbeiten sehr ungenügend und ohne Berücksichtigung der petrologischen, lithologischen und strukturellen Besonderheiten des Bezirks erforscht.

Die Entdeckung eines neuen Erzkörpers oder einer Lagerstätte in Industriegebieten, besonders in der Nähe von bestehenden Bergwerken, Aufbereitungskombinaten oder Erdölbetrieben, ist besonders wertvoll, weil hier in kürzerer Zeit und mit geringerem Aufwand an Mitteln und Material (im Vergleich zur Nutzung von Lagerstätten in neuen Gebieten) die Förderung der aufgefundenen mineralischen Rohstoffe organisiert werden kann. Deshalb ist neben der Durchführung von

Sucharbeiten in neuen Gebieten unbedingt der Einschätzung der Perspektiven bekannter Erzfelder größte Aufmerksamkeit zu schenken. Dies gilt vor allem für Bezirke mit bereits in Betrieb befindlichen Bergwerken.

Einhaltung der Reihenfolge der Erkundungsstadien und bestehende Mängel in der Erkundungsmethodik

Ein großer Mangel, der den Nutzeffekt geologischer Erkundungsarbeiten stark verringert, ist die noch immer auftretende Verletzung der Reihenfolge der Erkundungsstadien bei der Durchführung geologischer Erkundungsarbeiten. Die übereilte eingehende Erkundung noch vor Feststellung der Gesamtausmaße und der industriellen Bedeutung der Lagerstätte (in einer Reihe von Fällen auch des Erzfeldes) führt nicht selten zu erheblichen nutzlosen Ausgaben. Nicht nur einmal wurden auf Beratungen und in der Presse die polymetallischen Lagerstätten der Kurgan-Gruppe in Kirgisien, die Kupferlagerstätten von Temir in Chakassien, eine Reihe von polymetallischen Lagerstätten in Kasachstan, in der Usbekischen SSR u. a. erwähnt, wo große Mittel zur Durchführung kostspieliger eingehender Erkundungsarbeiten aufgewendet wurden und sich als unwiederbringlich verloren erwiesen, weil die Lagerstätten wirtschaftlich uninteressant waren.

Weil die Aufeinanderfolge der Erkundungsstadien nicht beachtet wurde, sind nicht selten Lagerstättenabschnitte unbedacht für die eingehende Erkundung ausgewählt worden, die gegenwärtig ohne jedes industrielle Interesse sind. Ein charakteristisches Beispiel ist die Erkundung der Teshsarsker Nephelinlagerstätte in Armenien. Hier stellte sich nach eingehenden Erkundungsarbeiten auf dem Tjaklerinsker Abschnitt heraus, daß der benachbarte Teshegatsker Abschnitt unter besseren bergtechnischen Verhältnissen Erze höherer Qualität führt und die volle projektierte Kapazität des Betriebes während der gesamten Amortisationsfrist sichert. Folglich waren die Ausgaben für die eingehende Erkundung des ersten Abschnitts nutzlos vertan. Dieses Beispiel ist keine Ausnahme.

Ein Verstoß gegen die Reihenfolge der Stadien und gegen die elementaren Forderungen der Erkundungsmethodik ist auch die Durchführung von kostspieligen bergmännischen Arbeiten und Tiefbohrungen, noch bevor die oberflächennahen Teile der Lagerstätte durch Gräben, Schürfe und Flachbohrungen untersucht wurden. Es gibt Lagerstätten, in denen schon geraume Zeit abgebaut wird, die Erzkörper von der Oberfläche aus jedoch noch nicht vollständig umgrenzt wurden und eine Einschätzung der Gesamtperspektiven der Lagerstätten fehlt.

Andererseits bestand bei einigen Geologen die schädliche Tendenz, bergmännische Arbeiten zu ignorieren und alle mit dem Studium der Lagerstätte zusammenhängenden Fragen ausschließlich mit Hilfe von Bohrungen zu lösen. So wurden für zwei sehr große polymetallische Lagerstätten bei der Erkundung keine bergmännischen Arbeiten durchgeführt. Deshalb herrschte bei der Behandlung der Unterlagen durch die StVK Ungewißheit, ob die Umgrenzung der Erzkörper zuverlässig und ihre dargestellte Morphologie richtig waren. Es war unmöglich, ihren inneren Bau zu verstehen, die durch Bohrungen erhaltenen Daten zu kontrollieren, repräsentative technologische Proben zu entnehmen und eine Reihe anderer Fragen zu klären. Ohne die Klärung dieser Fragen konnte jedoch kein Projekt der industriellen Nutzung der Lagerstätte ausgearbeitet werden. Die StVK stimmte den zur Bestätigung vorgelegten Vorratskategorien nicht zu. Sie schlug vor, die notwendige Anzahl bergmännischer Arbeiten durchzuführen, was die Übergabe der Lagerstätten zur industriellen Nutzung verzögerte. Beim Vortrieb der bergmännischen Baue wurden auf einer dieser Lagerstätten bedeutende Abweichungen der Form der Erzkörper im Vergleich mit den nur nach Bohrdaten ermittelten festgestellt. Auf der anderen Lagerstätte sind die bergmännischen Erkundungsarbeiten noch nicht beendet. Doch auch hier wurden neue geologische Unterlagen erhalten und die Bohrdaten bedeutend präzisiert.

Sehr lehrreich ist die Unterschätzung tiefer bergmännischer Erkundungsarbeiten durch die Projektierungsorganisationen und die zuständige Abteilung der ehemaligen Staatlichen Plankommission der UdSSR bei der Untersuchung einer großen Kupferlagerstätte im Südural. Der auf Empfehlung der StVK dort abgeteufte Erkundungsschacht wurde zur Exploitation der Lagerstätte verwendet und erfüllte keine Erkundungsaufgaben. Infolgedessen blieb die Morphologie der Erzkörper ungeklärt, was zu großen Komplikationen beim weiteren Abbau der Lagerstätte führte.

Eine Reihe Geologen, die im Kusnezker Kohlenbecken arbeiten, verfolgen das Ausstreichen der Kohleflöze durch Gräben, Schürfe oder Flachbohrungen zu wenig. Die tiefen Horizonte der Lagerstätte werden infolgedessen mit Hilfe von Bohrungen bis zur Kategorie A erkundet, die oberen jedoch, die vorrangig zur Nutzung vorgesehen sind, bis zur Kategorie C_1. Das ist nicht auf Unwissenheit der Geologen zurückzuführen, sondern auf die falsch festgesetzten Preise für Flachbohrungen und wenig tiefe bergmännische Arbeiten, wodurch deren Durchführung unvorteilhaft wird.

Während der letzten Jahre wurde in vielen Lagerstätten festgestellt, daß die Konfiguration der Erzkörper und ihre Lage im Raum bedeutend komplizierter sind, als aus den Daten der Bohrarbeiten hervorging. Sogar bei sehr großen Kupferkieslagern und -stockwerken führten bergmännische Arbeiten zu wesentlichen Korrekturen der dargestellten Morphologie der Erzkörper. Allerdings muß hervorgehoben werden, daß von den Konturen und der Lage der Erzkörper im Raum die Rede ist, nicht von den Vorräten, die sich im Lagerstättendurchschnitt wenig von den nach Bohrdaten berechneten unterscheiden. Doch für die Ausarbeitung des Projektes für einen rationellen Abbau der Lagerstätte und die laufende Förderplanung sind nicht die mittleren Vorratsziffern und die Durchschnittsgehalte an Nutzkomponenten wichtig, sondern konkrete Angaben zur Morphologie der Erzkörper, zu den Vorräten und zum Gehalt an nutzbaren Komponenten in den einzelnen Abbaublöcken. Daher besteht die Aufgabe der Erkundungsgeologen nicht nur in der Berechnung der Gesamtvorräte und der Ermittlung von Durchschnittsparametern, sondern in der Feststellung aller Parameter, die zur Ausarbeitung des Projekts für den Abbau vom Betrieb benötigt werden.

Eine ungenügende geologische Erforschung der Lagerstätten im Stadium der Vorerkundung führt zu wiederholten Änderungen der Richtung der Erkundungsarbeiten und letztlich zur systemlosen Anlage der Aufschlüsse. Besonders kraß äußerte sich das bei der Untersuchung zweier polymetallischer Lagerstätten im Altai. Bei Abschluß der Erkundung lag ein außerordentlich dichtes Netz von Bohrungen vor. Die Bohrungen selbst hatten die verschiedensten Richtungen. Auf die systemlose Anlage der Erkundungsaufschlüsse machte die StVK bei der Überprüfung der Berichte über einige Lagerstätten im Primorskij Kraj und im Mittleren Ural aufmerksam. In einigen Fällen wurde hier infolge unbedachter Wahl der Ansatzpunkte und der Aufschlußrichtung nur taubes Gestein durchteuft, in dem eine wirtschaftlich interessante Vererzung nicht zu erwarten war.

Recht häufig ist eine systemlose Verteilung der Erkundungsaufschlüsse und ihre übermäßige Häufung in einzelnen Revieren zu beobachten. In einigen kleinen polymetallischen Lagerstätten des Nordkaukasus wurden die Horizonte der bergmännischen Erkundung in Abständen von 10—12 m aufgefahren.

Bemusterung und chemische Analysen

Die Qualität der Bemusterungsarbeiten und der chemischen Analysen ist entscheidend für die Genauigkeit der Gehaltsbestimmung an nutzbaren Komponenten. Ein Fehler in der Bestimmung des Gehalts wirkt sich vom ersten Tage seiner Wirksamkeit auf die Ökonomik des Betriebes aus.

Bei der Bemusterung von Lagerstätten müssen zwei Grundfragen gelöst werden: die Wahl der Methode für die Probenahme und die Festlegung der Abstände zwischen den Probenahmepunkten. Manchmal hat auch die räumliche Orientierung der Proben keine geringe Bedeutung.

In der überwiegenden Mehrzahl der Fälle erfolgt die Probenahme bei bergmännischen Erkundungsaufschlüssen in primären Lagerstätten durch Schlitzproben. Nur selten entstehen bei äußerst ungleichmäßiger Verteilung der Vererzung Zweifel an der Zuverlässigkeit der Bemusterung durch Schlitzproben. In diesen Fällen wird sie durch Haufwerks- oder Vortriebsproben kontrolliert.

Bei Kernbohrungen werden die Proben gewöhnlich nur aus dem Kern und selten aus dem Bohrschlamm entnommen. Bei zufriedenstellendem Kerngewinn von über 70% rufen die Bemusterungsdaten selten Zweifel hervor. Es ist jedoch bekannt, daß auch bei verhältnismäßig hohem Kerngewinn (über 70%) wegen selektiver Zerreibung der sprödesten Mineralien beim Bohren eine merkliche Entstellung der Gehalte an Nutzkomponenten auftritt. Deshalb ist es im ersten Stadium jeder Erkundung unbedingt notwendig, in jeder Lagerstätte zu prüfen, ob eine selektive Zerreibung vorliegt oder nicht. Dazu müssen parallellaufend sowohl der Kern als auch der Bohrschlamm bemustert werden. Auch dabei werden nicht immer zuverlässige Resultate erhalten, weil der Bohrschlamm ausbleiben oder durch die Tonspülung verschmutzt werden kann. Die Daten aus Kernbohrungen müssen durch bergmännische Arbeiten oder mit Hilfe anderer Bohrverfahren kontrolliert werden.

Fehler in der Bemusterung primärer Lagerstätten entstehen am häufigsten durch Unregelmäßigkeit des Probenahmenetzes, manchmal durch die unregelmäßige Lage der Schlitze. Noch immer trifft man auf nichtrepräsentative, sogenannte Punktproben. Häufig wird auch die unvollständige Bemusterung der Erzkörper und besonders der mineralisierten Nebengesteine festgestellt. Das Fehlen eines einigermaßen gleichbleibenden Bemusterungsnetzes und eine überflüssige Verdichtung des Netzes auf einzelnen Abschnitten wurden von der StVK für einige Zinnlagerstätten von Primorje festgestellt. Unvollständig bemustert wurden Greisen (die Erzkörper enthalten) in einer Lagerstätte seltener Metalle Ostsibiriens. Eine systemlose Anordnung der Proben wurde auf einer Quecksilberlagerstätte in Mittelasien, einer Lithiumlagerstätte in Sibirien, einer Lagerstätte seltener Metalle im Ural usw. zugelassen.

In einigen polymetallischen Lagerstätten des Nordkaukasus wurden statt einer systematischen sektionsweisen Probenahme über die gesamte Mächtigkeit der vererzten Gesteinskörper nur Stichproben aus reichen und armen Erzen entnommen, was vollkommen falsch ist.

In letzter Zeit wird in Artikeln von M. I. ALBOW und W. L. TSCHELYSCHEW völlig unbegründet bei der Bemusterung des Kerns in Erkundungsbohrungen weitgehend das Schlitzen angepriesen. Ohne kritische Analyse kann dessen Anwendung zu ernsten Fehlern bei der Qualitätsbestimmung der mineralischen Rohstoffe führen.

N. W. IWANOW empfiehlt in den Hochschulnachrichten „Geologija i raswedka", H. 2, 1963, ohne irgendeine Begründung, auf der Katscharsker Eisenerzlagerstätte die Bemusterung des Kerns durch Schlitze auf eine maximale Länge bis zu 20 m durchzuführen, womit man sich kaum einverstanden erklären kann.

Die chemischen Analysen spielen eine wichtige Rolle in der Einschätzung der Lagerstätten bei der Vorratsberechnung. Auf Grund ihrer Ergebnisse werden die Gehalte an nutzbaren Komponenten und, wenn deutliche geologische Grenzen der Vererzung fehlen, auch die Konturen der Erzkörper bestimmt. Das verpflichtet zu besonderer Aufmerksamkeit bei Fragen der Arbeitsqualität der chemischen Laboratorien und der Zuverlässigkeit der von ihnen verwendeten Methoden. Manchmal wird zum Beispiel kolorimetrisch analysiert, obwohl bei hohen Metallgehalten damit keine ausreichende Genauigkeit erhalten wird. Manchmal werden auch physikomechanisch Tantal und Zinn bestimmt, obwohl dabei zu niedrige Gehaltsangaben erhalten werden. Auf einer Lagerstätte seltener Metalle im Murmansker Gebiet wurde bei der Bestimmung der Gehalte einzelner Komponenten nicht die für die gegebenen Verhältnisse empfindlichste neutronometrische Analysenmethode angewendet. Dabei muß berücksichtigt werden, daß sogar die Anwendung der vollkommensten Analysenmethoden nicht immer zuverlässige Ergebnisse garantiert. Daher ist die innere und äußere Kontrolle der chemischen Analysen obligatorisch. Dazu sind nicht unter 5% der Gesamtzahl der Analysen und nicht weniger als 30 Proben bei kleiner Gesamtmenge erforderlich.

Technologische Untersuchungen des Erzes

Neben der Untersuchung der mineralogischen und chemischen Zusammensetzung des Rohstoffs sind technologische Untersuchungen einer der wichtigsten Arbeitskomplexe, die zur Einschätzung der erkundeten Lagerstätte notwendig sind. Vor allem muß die Entnahme technologischer Proben rechtzeitig erfolgen und repräsentativ sein. Dieser Frage wird nicht immer die nötige Aufmerksamkeit gewidmet. So wurden zum Beispiel bei der Erkundung einer Datolithlagerstätte im Fernen Osten für technologische Untersuchungen Proben entnommen, die im Karbonat- und Granatgehalt nicht repräsentativ waren. Infolgedessen war in der errichteten Aufbereitungsanlage keine Magnetscheidung zur Abscheidung der Granate vorgesehen; in der Flotationsabteilung wurde keine Apparatur eingebaut, um den Einfluß der Karbonate aufzufangen.

Im selben Gebiet wurden in einer Zinnerzlagerstätte mineralogisch fünf Erztypen und neun Erzuntertypen ausgegliedert, jedoch keine Verbindung zu den technologischen Sorten hergestellt. Ein großer Teil der für technologische Untersuchungen entnommenen Proben charakterisierte daher nicht die Haupterzmenge der Lagerstätte. Auf Grund der Aufbereitungsarbeiten konnten deshalb keine industriellen Verarbeitungsschemata der Erze ausgearbeitet werden. Daß Proben für technologische Untersuchungen nicht immer repräsentativ waren, wurde auch für eine Reihe anderer Lagerstätten festgestellt.

Wenn die Entnahme repräsentativer Proben völlig vom Geologen abhängt, so sind für die Vollständigkeit und Qualität der technologischen Untersuchungen die Institute verantwortlich, die diese Arbeiten ausführen. Häufig sind jedoch zum Zeitpunkt der Vorratsbestätigung und der Übergabe der Lagerstätte zur industriellen Nutzung die Fragen der technologischen Verarbeitung komplexer Erze nur unvollständig geklärt. Die Technologen beschränken sich auf ein zufriedenstellendes Ausbringen der Hauptkomponenten, bestimmen keine Verfahren zur Gewinnung und Nutzung anfallender wertvoller Nebenkomponenten. So wurde zum Beispiel für eine polymetallische Lagerstätte bis zum Zeitpunkt der Vorratsbestätigung durch die StVK nicht die Möglichkeit geklärt, ob aus den Erzen Zinnkonzentrate erhalten werden können; für eine Fluorit-Beryllium-Lagerstätte wurde das Ausbringen von Tantal und Niobium aus Greisen nicht geklärt.

Die Aufbereitungsanlagen für Lagerstätten, deren Aufbereitungstechnologie ungenügend untersucht wurde, arbeiten in den ersten Jahren schlecht, erfüllen den Plan weder hinsichtlich der Quantität noch Qualität der Konzentrate und machen manchmal bedeutende Umbauten, bisweilen die völlige Veränderung des Aufbereitungsschemas notwendig, mit Auswechslung eines Teils der Ausrüstung. Es muß unbedingt eine eingehende Untersuchung der Zusammensetzung und Qualität des mineralischen Rohstoffs sowie der Technologie seiner Verarbeitung noch während der geologischen Erkundung und vor Einreichung der Unterlagen an die StVK durchgeführt werden.

Die Erforschtheit der ingenieurgeologischen und bergtechnischen Verhältnisse der Lagerstätten

Bei der Lagerstättenerkundung sehen die Geologen ihre Aufgabe häufig nur in der richtigen Vorratsbestimmung. Sie vergessen nicht selten, daß auch die ingenieurgeologischen Verhältnisse des Abbaus der mineralischen Rohstoffe untersucht werden müssen.

Besonders schlecht steht es mit der Untersuchung der bergtechnischen Eigenschaften der Gesteine, aus denen die Lagerstätte besteht. Dieser Frage wird bisher nicht die gebührende Aufmerksamkeit zuteil. Das notwendige Minimum der bei Felduntersuchungen durchzuführenden Arbeiten wie auch der Anforderungen, die sich im eingereichten Bericht widerspiegeln müssen, wurde noch nicht ausgearbeitet. Die Geologen wissen nicht, mit welchen Methoden und in welchem Umfang die bergtechnischen Eigenschaften der Gesteine zu untersuchen sind.

Die StVK übermittelte allen maßgebenden Projektierungs- und Forschungsinstituten einen Brief mit der Bitte, Vorschläge auszuarbeiten, welche ingenieurgeologischen Untersuchungen während der Erkundung durchzuführen sind und welches Untersuchungsmaterial in den geologischen Berichten vorzulegen ist. Von einer Reihe von Instituten gingen solche Vorschläge schon ein.

Über die ökonomische Bewertung von Lagerstätten

Den Fragen der Ökonomik der Lagerstätten widmen die Geologen noch wenig Aufmerksamkeit, obwohl ohne ihre sorgfältige Analyse keine richtigen Konditionen ausgearbeitet werden können. Gegenwärtig ist es notwendig, besonders sorgfältig an die ökonomische Bewertung der zu erkundenden Lagerstätten heranzugehen. Es wäre falsch, neue Lagerstätten zu erkunden, die infolge der Unrentabilität ihres Abbaus industriell nicht genutzt werden können.

Häufig stellt sich bei der Überprüfung der Vorratsberechnungen in der StVK heraus, daß sich die Hauptkennziffern der Lagerstätte (Vorräte, Mächtigkeit der Erzkörper, Gehalte an nutzbaren Komponenten usw.), die bei der Festlegung der Konditionen verwendet wurden, stark von den zur Bestätigung vorgelegten unterscheiden. Infolgedessen treffen die bei der Konditionsfestlegung vorgesehene jährliche Betriebsleistung, die Amortisationsfrist, die Selbstkosten der Produktion usw. nicht für die erkundeten Vorräte zu.

Gewöhnlich vergeht vom Zeitpunkt der Ausarbeitung der Konditionen bis zur Vorratsbestätigung durch die StVK eine bedeutende Zeit — ein, zwei Jahre und mehr. In dieser Zeit verändern sich häufig viele Kennziffern, von denen bei der Konditionsfestlegung ausgegangen wurde, zum Beispiel die Preise für die ausbringbaren Nutzkomponenten, die Technologie der Erzverarbeitung u. a. Die Geologen, die die Vorräte zur Bestätigung vorlegen, analysieren jedoch in der Regel alle diese Daten nicht und studieren sogar häufig nicht einmal die technisch-ökonomischen Berechnungen, auf die sich die Konditionen stützen.

Ebenso ist darauf hinzuweisen, daß zu wenig analysiert wird, ob die Konditionen den geologischen Besonderheiten der Lagerstätte entsprechen. Nicht selten wird ein bedeutender Teil der erkundeten Vorräte nach den festgelegten Konditionen (minimale Mächtigkeit und industrieller Minimalgehalt) in die Außerbilanzvorräte eingruppiert. Die abzubauenden Erzkörper nehmen dadurch neue, den Konditionen nicht mehr entsprechende komplizierte Formen an. Dabei wird nicht berücksichtigt, daß eine gewisse Herabsetzung der Konditionen deshalb ökonomisch gerechtfertigt sein kann, weil die vereinfachten Formen der Erzkörper und die Vergrößerung ihrer Mächtigkeit es gestatten, produktivere Abbauverfahren anzuwenden und die Verdünnung bei der Gewinnung zu senken.

Bei der Erarbeitung und Bestätigung der Konditionen werden häufig sehr wichtige Kennziffern außer acht gelassen, z. B. die Zusammensetzung der Deckschichten, die Abbauteufe für Tagebaue, der Bortgehalt, die Mindestvorräte in kleinen isolierten Körpern usw. Für die Bilanzerzvorräte einer Zinnlagerstätte im Primorje war in den Konditionen nur der Schwellengehalt und kein industrieller Minimalgehalt vorgesehen; für eine Ilmenitlagerstätte in Sibirien war in den Konditionen das Vorhandensein von Rutil, Leukoxen und anderen Komponenten nicht berücksichtigt worden. Sehr häufig wird in den Konditionen die untere Berechnungsgrenze für Außerbilanzerzvorräte nicht festgelegt. Für die Erze einer Lagerstätte seltener Metalle im Fernen Osten waren ohne irgendwelche Begründung drei Kennziffern eingeführt — der Schwellengehalt, der Durchschnittsgehalt für einen Block und der industrielle Minimalgehalt für die ganze Lagerstätte.

Alle diese Tatsachen zeigen, daß die Frage der ökonomischen Bewertung der Lagerstätten und der Ausarbeitung von Konditionen größte Aufmerksamkeit des Staatlichen Geologischen Komitees und der Leiter der geologischen Organisationen erfordert.

Über die Qualität der Erkundungsarbeiten auf Erdöl und Gas

Eine völlig unzulässige Situation hinsichtlich der Qualität der Erkundungsarbeiten ist bei den Erdöl- und Erdgaslagerstätten entstanden. Infolge Nichtbeachtung des technologischen Bohrregimes, besonders hinsichtlich der Bohrgeschwindigkeit in produktiven Horizonten, der ungenügenden Versorgung mit den entsprechenden Meißeln, mangelnder Aufmerksamkeit seitens der Erkundungsgeologen und der Uninteressiertheit der Bohrmeister an der Erhöhung des Kerngewinns überschreitet dessen Ausbringen gewöhnlich nicht 10—15% und sinkt häufig auf 3—5% ab.

Die Erkundungsarbeiten auf Erdöl und Erdgas werden häufig auch auf niedrigem geologisch-technischem Niveau durchgeführt — mangelhafte Isolierung der einzelnen Horizonte, großes Hinterherhinken und Unvollständigkeit der Test- und Untersuchungsarbeiten usw. Auf der Lagerstätte von Olejnikowo wurden zum Beispiel von 42 niedergebrachten Bohrungen nur 17, auf der Lagerstätte von Osek-Suat von 57 nur 26 auf Zustrom getestet.

Neben der niedrigen Qualität der Niederbringung von Bohrungen treten neben der ungenügenden Qualität derselben Lücken im gesamten Komplex der geophysikalischen Bohrlochuntersuchungen auf. Diese könnten jedoch wesentlich zur Ermittlung der richtigen Berechnungsparameter, wie der Mächtigkeit, der Porosität der Speichergesteine, ihres Sättigungsgrades usw., beitragen. Bei niedrigem Kerngewinn oder wenn er überhaupt fehlt, ist es bei unbefriedigender Qualität der geophysikalischen Bohrlochuntersuchungen unmöglich, eine Vorratseinschätzung der Lagerstätte zu geben.

Das Staatliche Geologische Komitee der UdSSR sollte die geologische Kontrolle der Erkundungsarbeiten, die von den Volkswirtschaftsräten auf Erdöl- und Erdgaslagerstätten durchgeführt wird, bedeutend verstärken, damit die Qualität grundlegend verbessert wird. Durch Qualitätsverbesserung der Erkundungs- und Untersuchungsarbeiten auf Erdöl und Erdgas könnte die Anzahl der Bohrungen bei der Erkundung der einzelnen Lagerstätten bedeutend eingeschränkt werden.

Es muß ein materieller Anreiz zur Verbesserung der Qualität und des Nutzeffekts der Arbeiten geschaffen werden. Die Preise und die Prämienordnung müssen unter Berücksichtigung der Qualität der Arbeiten überprüft werden.

Der Staat stellt den Geologen riesige Gelder und Material zum Aufsuchen und Erkunden von Lagerstätten mineralischer Rohstoffe zur Verfügung. Die sowjetischen Geologen hatten bisher bedeutende Erfolge bei der Schaffung der mineralischen Rohstoffbasis des Landes. Doch diese Erfolge könnten noch größer sein, wenn wir mit gemeinsamen Kräften eine schnelle Qualitätserhöhung der geologischen Arbeiten erreichen, weil ihr Nutzeffekt in direkter Beziehung, in direkter Abhängigkeit von der Qualitätsverbesserung steht.

Das System der vorläufigen Konditionen für den Ansatz und die Beurteilung von Sucharbeiten[1]

KARL-HEINZ BINTIG, Berlin

(Mitteilung aus dem Zentralen Geologischen Institut, Berlin)

Dem Zentralen Geologischen Institut der VVB Feste Minerale wurde die Aufgabe gestellt, Konditionen für den Ansatz und die Beurteilung von Sucharbeiten — zunächst für Sucharbeiten auf sedimentäre Eisenerzlagerstätten — auszuarbeiten. Die vorliegende Arbeit stellt den allgemeinen, systematischen Teil dar, in dem die Stellung der Einzelkennziffern im Gesamtsystem der Konditionen untersucht werden soll. Dieser allgemeine Teil trägt zwangsläufig in einzelnen Abschnitten — wie bei der Aufzählung und Diskussion der einzelnen Kennziffern — schematischen Charakter, andererseits erscheint jedoch diese Form als die hier anschaulichste.

1. Grundlage und Grundsätze der Erarbeitung der vorläufigen Konditionen

Als Grundlage für die Erarbeitung der vorläufigen Konditionen dienen die Festlegungen auf der vierten

[1]) Eingang des Manuskripts in der Redaktion: 25. 10. 1963

Zeitschrift für angewandte Geologie, Bd. 10 (1964) Heft 2

Tagung des Exekutivkomitees des RGW vom 15. bis 21. 2. 1963 in Moskau zum Thema: „Hauptrichtlinien der Methodik zur Bestimmung der Konditionen für die Beurteilung von Lagerstätten fester Bodenschätze im Erdinnern". Diese Richtlinien orientieren in ihren Formulierungen in Punkt 1 — „Unter Konditionen werden ... Forderungen verstanden, ... bei denen die Exploitationskosten und Investitionen für den Staat annehmbar sind" und „Die Konditionen müssen einen ökonomisch zweckmäßigen Abbau der gegebenen Lagerstätte ... gewährleisten" — eindeutig auf die ökonomische Zweckmäßigkeit einer Gewinnung und Verarbeitung des Rohstoffs als Grundlage und Bedingung bei der Festlegung von Konditionen. Ihren konkreten Ausdruck und ihre eindeutigste Darstellung findet diese ökonomische Zweckmäßigkeit in dem Wert für die zulässigen maximalen Selbstkosten für die Erzeugniseinheit. Dieser Wert steht seiner Bedeutung nach über den Einzelkennziffern; seine Einhaltung sind die Grundvoraussetzung und der Rahmen, in dem die Einzelkennziffern liegen können. Diese maximal zulässigen Selbstkosten für jede Einheit des Erzeugnisses aus einem mineralischen Rohstoff sind von der Staatlichen Plankommission vorzugeben. Die Ermittlung der Konditionen für jeden konkreten Fall erfolgt dann im wesentlichen über eine Schätzung oder Berechnung der einzelnen Teilselbstkosten für das Produkt (geologische Erkundung, Gewinnung, Aufbereitung, gegebenenfalls Verhüttung) und die Ermittlung der Abhängigkeit dieser Teilselbstkosten von den einzelnen Kennziffern, d. h. durch eine Umsetzung des Selbstkostenwertes in Lagerstättenparameter und technologische Forderungen. Dieser Prozeß soll hier jedoch nicht untersucht, sondern in erster Linie sollen das System der Kennziffern und ihre Einteilung dargelegt und diese diskutiert werden.

2. Zweck der vorläufigen Konditionen

Der Ansatz von Sucharbeiten erfolgt zukünftig nur auf der Grundlage von prognostischen Vorräten, die von der ZVK registriert sein müssen (Klassifikation der Lagerstättenvorräte fester mineralischer Rohstoffe der DDR vom 31. 1. 1962). Der Ansatz einer Vorerkundung erfolgt nur dann, wenn die Sucharbeiten eine ökonomisch interessierende Lagerstätte nachgewiesen haben. Für alle geplanten Arbeiten soll ein Rahmenprojekt vorliegen.

In den o. g. Richtlinien des RGW lautet der Punkt 5: „Bei den Such- und geologischen Erkundungsarbeiten werden, falls erforderlich, vorläufige (zeitweilige) Konditionen verwendet, nach welchen die operative Berechnung der Vorräte durchgeführt wird. Die vorläufigen (zeitweiligen) Konditionen beziehen sich auf eine konkrete Lagerstätte oder Lagerstättengruppe eines bestimmten genetischen Typs."

Die vorläufigen Konditionen müssen demzufolge dienen:

1. als Grundlage der prognostischen Vorratsberechnungen und der geologisch-ökonomischen Einschätzung im Erläuterungsteil des Prognosekartenwerkes und damit zur geologisch-ökonomischen Begründung für den Beginn der Sucharbeiten;

2. als Grundlage für die geologisch-ökonomische Einschätzung der Ergebnisse der Sucharbeiten und damit für die Entscheidung über die Aufnahme von Vorerkundungsarbeiten.

3. Aufstellung der Kennziffern

In der Richtlinie sind eine Reihe von Einzelkennziffern aufgeführt. Darüber hinaus sind in einer Reihe von Materialien (I. Kožíček: Die Grundsätze zur Festlegung der Konditionen in der ČSSR; I. Žežulka: Die Sonderkonditionen der Abbauwürdigkeit; Keramoprojekt, Praha: Allgemeine Konditionen der Nichterzrohstoffe; Instruktionen der ZVK und andere Unterlagen) noch weitere Hinweise und Forderungen enthalten. Im folgenden werden diese bisher bekannten Kennziffern und Forderungen insgesamt — und zwar getrennt nach quantitativem und qualitativem Charakter — aufgeführt.

3.1 Kennziffern mit quantitativem Charakter

1. Durchschnittlicher industrieller Minimalgehalt bzw. zulässige technologische Mindestqualität des Rohstoffs (in der Richtlinie als Hauptkennziffer besonders hervorgehoben);
2. minimale Mächtigkeit, in Einzelfällen minimale Meterprozente;
3. maximal zulässige Mächtigkeit tauber Zwischenschichten oder nichtkonditionsmäßiger Lagen;
4. maximale Teufe bzw. maximales Verhältnis von Deckschichten zu Nutzbarem im Tagebau;
5. geologischer Schwellen- und Bortgehalt;
6. untere Berechnungsgrenze für Außerbilanzvorräte;
7. maximaler Durchschnittsgehalt für schädliche Beimengungen im Berechnungsblock und in der Einzelprobe;
8. Minimalgehalte an Nebenkomponenten, deren Vorräte berechnet werden müssen;
9. zulässiger Erzführungskoeffizient bei komplizierten Vererzungstypen;
10. Mindestvorratsmenge einer Lagerstätte oder eines einzelnen Erzkörpers.

Falls erforderlich, muß diese Aufstellung durch weitere sich aus bergmännischen, ökonomischen u. a. Forderungen ergebende Kennziffern (z. B. maximale Wasserzuflüsse/Zeiteinheit) ergänzt werden.

3.2 Forderungen mit qualitativem Charakter

1. Möglichkeit einer bergmännischen Gewinnung des Rohstoffes;
2. Möglichkeit einer Aufbereitung des Rohstoffes;
3. Möglichkeit einer Verhüttung des Rohstoffes.

Es sei ausdrücklich darauf hingewiesen, daß die Möglichkeit einer Realisierung dieser Prozesse (Gewinnung, Aufbereitung, Verhüttung) allein jedoch nicht ausreicht, sondern auch hier teilweise quantitative und qualitative Bedingungen erfüllt sein müssen, wie z. B. für die Standfestigkeit des Lagerstättenhorizontes, das Aufbereitungsausbringen und den Gehalt des Aufbereitungskonzentrates.

Die Prüfung auf Erfüllung dieser Forderungen erfolgt durch Analogieschlüsse oder durch direkte quantitative oder qualitative Untersuchungen.

4. Umfang der Kenntnisse in den frühen Stadien der geologischen Erkundungsarbeiten

Vor einer Diskussion der Kennziffern soll hier der mögliche Umfang der in den frühen Stadien der Erkundung vorliegenden Kenntnisse eingeschätzt werden, um die Möglichkeiten der Anwendung der Kennziffern beurteilen zu können.

Stadium der Erarbeitung von Prognosekarten und des Ansatzes von Sucharbeiten

Entsprechend Pkt. 2 dienen die Kennziffern zunächst für die prognostische Vorratsberechnung und damit für die Entscheidung über die Aufnahme von Sucharbeiten. Die Prognosekarten und damit die prognostischen Vorräte gründen sich entsprechend der Klassifikation der Lagerstättenvorräte fester mineralischer Rohstoffe der DDR einmal auf geologische, geophysikalische u. a. Unterlagen, durch die das rohstoffführende Gebirge in dem Verbreitungsgebiet des zu berechnenden Rohstoffs festgestellt und der Rohstoff in diesem mindestens an einem Punkt angetroffen wurde (δ_1-Vorräte), und zum anderen auf geologische, geophysikalische u. a. Unterlagen, nach denen das rohstoffführende Gebirge in dem Verbreitungsgebiet des zu berechnenden Rohstoffs lediglich vermutet und/oder der Rohstoff noch nicht angetroffen wurde (δ_2-Vorräte).

Im ersten Fall liegt mindestens ein Aufschluß und damit — wenn auch mit unterschiedlichem Sicherheitsgrad — eine Reihe von direkt an der vermuteten Lagerstätte ermittelter Parameter vor.

Im zweiten Fall liegen keine direkt an der vermuteten Lagerstätte ermittelten Parameter vor; diese werden aus Analogien abgeleitet.

Eine Einschätzung der bisher angefertigten Prognosen zeigt hinsichtlich des Umfanges der jeweils vorliegenden Kenntnisse relativ große Unterschiede. Im ungünstigsten Fall liegt gar kein Aufschluß im gesuchten Rohstoff vor, im günstigsten Fall wurde der Rohstoff schon durch Aufschlüsse nachgewiesen. Das System der Kennwerte und Forderungen muß folglich so beschaffen sein, daß es für jeden hier möglichen Umfang der Kenntnisse zutrifft. Das ist nur zu erreichen, indem man einerseits die Anzahl der Parameter, die unbedingt ermittelt sein müssen, auf den notwendigen Umfang beschränkt, andererseits aber eine Einschätzung der anderen Parameter bzw. der Erfüllung der Forderungen entsprechend dem jeweiligen Kenntnisstand verlangt.

Stadium der Beurteilung der Ergebnisse von Sucharbeiten und des Ansatzes einer Vorerkundung

Im Ergebnis von Sucharbeiten liegt — da im allgemeinen bei erfolgreichem Ausgang der Suche hier die Lagerstätte an mehreren Punkten aufgeschlossen wurde — eine Reihe von direkt an der Lagerstätte ermittelten Parametern vor. Die im vorhergehenden Stadium noch bestehenden relativ großen Unterschiede im Kenntnisstand bei verschiedenen vergleichbaren, vermuteten Lagerstätten haben sich verringert. Während dort hinsichtlich der Einstufung nach dem Umfang der vorliegenden Kenntnisse noch der gesamte Bereich der δ_2- und δ_1-Vorräte in Frage kommt, ist der Bereich im vorliegenden Stadium wesentlich enger und liegt um die Grenze zwischen δ_1- und C_2-Vorräten. (In den folgenden Stadien — Vorerkundung und Erkundung — sind die Bereiche entsprechend den geforderten Vorratsklassen dann eindeutig festgelegt.) Daraus folgt nun auch eine Veränderung bei den Kennwerten und Forderungen. Die Anzahl der Parameter, die unbedingt ermittelt sein müssen (einschließlich des Nachweises der Erfüllung der Forderungen), erhöht sich gegenüber dem vorhergehenden Stadium; für die restlichen Parameter gilt das gleiche wie im ersten Stadium. (Diese Entwicklung der Anwendung der Kennwerte geht dann folgerichtig in den folgenden höheren Stadien der Erkundungsarbeiten auf der Basis weiter, daß dort sämtliche für die Einstufung in eine bestimmte Vorratsklasse notwendigen Parameter unbedingt ermittelt sein müssen und der Nachweis der Erfüllung der Forderungen vorliegen muß, es also keine Kenntnisse mehr gibt, deren Vorhandensein wie in den früheren Stadien von der zufälligen Möglichkeit ihrer Ermittlung abhängig gemacht werden kann.)

5. Diskussion der Kennziffern und Forderungen

Die Diskussion der Kennziffern und Forderungen soll hier unter Berücksichtigung der Erkundungsstadien von der Berechnung der prognostischen Vorräte (1. Stadium) bis zur Beurteilung der Ergebnisse von Sucharbeiten (2. Stadium) geführt werden.

5.1. Kennziffern mit quantitativem Charakter

5.1.1. Durchschnittlicher industrieller Minimalgehalt

5.1.1.1. — 1. Stadium

Der zu fordernde durchschnittliche industrielle Minimalgehalt wird vorgegeben (bei polymetallischen Lagerstätten eine entsprechende Kennziffer).

Der Parameter Gehalt (bzw. die technologische Qualität) wird entweder indirekt (aus Analogieschlüssen anhand bekannter Lagerstätten), direkt (aus Aufschlüssen im prognostischen Vorratsfeld oder in der Umgebung) oder unter Kombination beider Verfahren ermittelt. Es muß gezeigt werden, daß der Gehalt der vermuteten Lagerstätte mit ausreichender Wahrscheinlichkeit mindestens dem geforderten durchschnittlichen industriellen Minimalgehalt entspricht. Ohne diesen Nachweis dürfen keine Sucharbeiten begonnen werden.

5.1.1.2. — 2. Stadium

Der zu fordernde durchschnittliche industrielle Minimalgehalt wird vorgegeben (bei polymetallischen Lagerstätten eine entsprechende Kennziffer).

Der Parameter Gehalt (bzw. die technologische Qualität) wird ausschließlich direkt, d. h. anhand von Aufschlüssen im Untersuchungsgebiet, ermittelt. Zur Aufnahme der Vorerkundung muß dieser Gehalt mindestens dem geforderten durchschnittlichen industriellen Minimalgehalt entsprechen. Ohne diesen Nachweis dürfen keine Vorerkundungsarbeiten begonnen werden.

5.1.2. Minimale Mächtigkeit (bzw. minimale Meterprozente)

5.1.2.1. — 1. Stadium

5.1.2.2. — 2. Stadium

Die zu fordernde minimale Mächtigkeit wird vorgegeben. Es gilt sinngemäß das gleiche wie für den Gehalt.

5.1.3. Maximal zulässige Mächtigkeit tauber Zwischenschichten oder nichtkonditionsmäßiger Lagen

5.1.3.1. — 1. Stadium

Eine Kennziffer wird nicht vorgegeben. Die Mächtigkeiten etwaiger tauber oder nichtkonditionsmäßiger Zwischenmittel brauchen nicht bekannt zu sein. Liegen jedoch schon Aufschlüsse im vorgesehenen Erkundungsgebiet vor, so muß die Ermittlung des prognostischen Parameters Gehalt bei Vorliegen solcher Zwischenmittel unter Berücksichtigung der wahrscheinlichen Abbautechnologie (Einbeziehung oder Aushaltung der Zwischenmittel bei der Gewinnung) erfolgen.

5.1.3.2. — 2. Stadium

Eine Kennziffer wird nicht vorgegeben. Die Mächtigkeiten etwaiger tauber oder nichtkonditionsmäßiger Zwischenmittel müssen jedoch bekannt sein. Die Ermittlung des Parameters Gehalt bei Vorliegen solcher Zwischenmittel erfolgt wie im Punkt 5.1.3.1. angegeben.

5.1.4. Maximale Teufe bzw. maximales Verhältnis von Deckschichten zu Nutzbarem im Tagebau

5.1.4.1. — 1. Stadium

Die maximale Teufe bzw. das maximale D:N-Verhältnis für Bilanzvorräte wird vorgegeben. Zur Aufnahme von Sucharbeiten muß die vermutete Lagerstätte mit ausreichender Wahrscheinlichkeit in diesem Teufenbereich bzw. bei diesem D:N-Verhältnis liegen.

5.1.4.2. — 2. Stadium

Die maximale Teufe bzw. das maximale D:N-Verhältnis für Bilanzvorräte wird vorgegeben. Zur Aufnahme der Vorerkundung muß die Lagerstätte mit Sicherheit in diesem Teufenbereich bzw. bei diesem D:N-Verhältnis liegen.

5.1.5. Geologischer Schwellen- und Bortgehalt

5.1.5.1. — 1. Stadium

Eine Kennziffer wird nicht vorgegeben. Liegen Aufschlüsse im vorgegebenen Untersuchungsgebiet vor, so entscheidet bei der Ermittlung der Parameter Gehalt und Mächtigkeit der Geologe, bis zu welchem Schwellengehalt noch Teile der Lagerstätte in die Bilanzvorräte einbezogen werden können. Diese Entscheidung — bei Einhaltung des durchschnittlichen industriellen Minimalgehalts als Voraussetzung — gründet sich im allgemeinen auf Erfahrungswerte der verarbeitenden Betriebe.

Das gleiche gilt sinngemäß für die Entscheidung, bis zu welchem Grenzgehalt noch Teilmächtigkeiten innerhalb des Lagerstättenhorizonts in einem Aufschluß in die Berechnung einbezogen werden können, insbesondere am Hangenden und Liegenden. Ein Grenzwert wird hier nicht vorgegeben; solche Teilmächtigkeiten können (auch hier immer unter der obengenannten Voraussetzung) in bestimmten Fällen unvererzt sein, wenn dies z. B. zur Erreichung der minimalen Mächtigkeit notwendig ist.

5.1.5.2. — 2. Stadium

Eine Kennziffer wird nicht vorgegeben. Für die Auswertung der Ergebnisse der Sucharbeiten gilt das gleiche wie in Punkt 5.1.5.1.

5.1.6. Untere Berechnungsgrenze für Außerbilanzvorräte

5.1.6.1. — 1. Stadium

5.1.6.2. — 2. Stadium

Eine Kennziffer wird entsprechend der Festlegung in § 4, Pkt. 2, der Vorratsklassifikation der ZVK, daß als prognostischer Vorrat nur jener Teil der noch nicht nachgewiesenen Vorräte erfaßt wird, der nach der Durchführung von Untersuchungsarbeiten als Bilanzvorräte zu erwarten ist, und der Forderung in den Punkten 5.1.1.1. und 5.1.1.2. nicht vorgegeben.

5.1.7. Maximaler Durchschnittsgehalt für schädliche Beimengungen im Berechnungsblock und in der Einzelprobe

5.1.7.1. — 1. Stadium

Die maximalen Durchschnittsgehalte für schädliche Beimengungen werden vorgegeben. Soweit hier Probenmaterial aus der vermuteten Lagerstätte vorhanden ist, müssen daran die Gehalte an diesen Beimengungen ermittelt sein. Bei Überschreitung der maximal zulässigen Gehalte muß geprüft werden, welche Auswirkungen und Schlußfolgerungen sich hinsichtlich einer Verarbeitung des Rohstoffs ergeben.

5.1.7.2. — 2. Stadium

Die maximalen Durchschnittsgehalte für schädliche Beimengungen werden vorgegeben. Alle Proben aus der gefundenen Lagerstätte müssen auf diese Gehalte untersucht sein. Zur Aufnahme einer Vorerkundung muß die Einhaltung der zulässigen Werte bzw. die Möglichkeit einer Verarbeitung des Rohstoffs nachgewiesen sein.

5.1.8. Minimalgehalte an Nebenkomponenten, deren Vorräte berechnet werden müssen

5.1.8.1. — 1. Stadium

Kennziffern werden nicht vorgegeben. Aussagen über die vermutlichen Gehalte an diesen Nebenkomponenten werden i. a. nicht gefordert. Solche Aussagen können jedoch Bedeutung erlangen, wenn sich durch Einbeziehung dieser Komponenten merkliche Veränderungen in der ökonomischen Einschätzung der prognostischen Vorräte ergeben.

5.1.8.2. — 2. Stadium

Es werden diejenigen Komponenten einschließlich der jeweiligen Grenzwerte vorgegeben, deren Gehalte im Ergebnis der Sucharbeiten zu bestimmen und deren Vorräte ggf. zu berechnen sind.

5.1.9. Zulässiger Erzführungskoeffizient bei komplizierten Vererzungstypen

5.1.9.1. — 1. Stadium

5.1.9.2. — 2. Stadium

Eine Kennziffer wird nicht vorgegeben.

5.1.10. Mindestvorratsmenge einer Lagerstätte oder eines einzelnen Erzkörpers

5.1.10.1. — 1. Stadium

Die Mindestvorratsmenge wird vorgegeben. Zur Aufnahme von Sucharbeiten ist über die prognostische Vorratsfläche und die prognostische bilanzwürdige Mächtigkeit der Nachweis der Erfüllung der Mindestvorratsforderung zu führen. Ohne diesen Nachweis dürfen keine Sucharbeiten begonnen werden.

5.1.10.2. — 2. Stadium

Die Mindestvorratsmenge wird vorgegeben. Zur Aufnahme der Vorerkundung ist über die durch die Sucharbeiten ermittelte Vorratsfläche und die ermittelte bilanzwürdige Mächtigkeit der Nachweis der Erfüllung der Mindestvorratsmenge zu führen. Ohne diesen Nachweis dürfen keine Vorerkundungsarbeiten begonnen werden.

5.2 Forderungen mit qualitativem Charakter

5.2.1. Möglichkeit einer bergmännischen Gewinnung des Rohstoffs

5.2.1.1. — 1. Stadium

Der Nachweis einer solchen Möglichkeit wird nicht gefordert. Wenn möglich, sind Hinweise auf bereits im Abbau stehende Lagerstätten unter vergleichbaren Bedingungen zu geben.

5.2.1.2. — 2. Stadium

Es wird eine Einschätzung der Möglichkeit einer bergmännischen Gewinnung des Rohstoffs anhand der durch die Sucharbeiten ermittelten tektonischen, hydrogeologischen und gebirgsmechanischen Verhältnisse und der Lagerungsverhältnisse gefordert.

5.2.2. Möglichkeit einer Aufbereitung des Rohstoffes

5.2.2.1. — 1. Stadium

Der Nachweis einer solchen Möglichkeit wird nicht gefordert. Wenn möglich, sind Hinweise über das Aufbereitungsverhalten gleicher oder ähnlicher schon genutzter Rohstoffe zu geben. Zumindest ist anhand der erwarteten mineralogischen und chemischen Zusammensetzung und der Verwachsungsverhältnisse des Rohstoffes die Möglichkeit einer Aufbereitung einzuschätzen.

5.2.2.2. — 2. Stadium

Der Nachweis einer solchen Möglichkeit anhand des in den Aufschlüssen der Sucharbeiten gewonnenen Materials wird gefordert. Dazu sind die erforderlichen chemischen (ggf. auch über die entsprechend den Punkten 5.1.7. und 5.1.8. vorgegebenen Komponenten hinaus), mineralogischen und sonstigen Untersuchungen (Ermittlung des Aufbereitungsausbringens und des Konzentratgehaltes) durchzuführen. Entspricht der gefundene Rohstofftyp einem bereits genutzten, so genügt ein entsprechender Hinweis.

5.2.3. Möglichkeit einer Verhüttung des Rohstoffes

5.2.3.1. — 1. Stadium

Es gilt sinngemäß das gleiche wie unter Punkt 5.2.2.1.

5.2.3.2. — 2. Stadium

Der Nachweis einer solchen Möglichkeit anhand der durch das Material in den Aufschlüssen der Sucharbeiten gewonnenen Kenntnisse über den Rohstoff (d. h. zumindest indirekt, ohne produktionstechnische Versuche) wird gefordert. Dieser Nachweis besteht im allgemeinen aus einer Einschätzung der Möglichkeiten einer Verhüttung des Rohstoffes anhand der ermittelten Kennwerte durch die Hüttenindustrie. Dazu sind die erforderlichen chemischen (ggf. auch über die entsprechend den Punkten 5.1.7. und 5.1.8. vorgegebenen Komponenten hinaus, wie z. B. bei Eisenerzlagerstätten, wo noch SiO_2, Al_2O_3, CaO, MgO und $BaSO_4$ als Schlackenbildner ermittelt werden müssen), mineralogischen und sonstigen Untersuchungen durchzuführen.

Zusammenfassung

Im Beitrag wurde darzulegen versucht, welche Voraussetzungen für die Durchführung der frühen Stadien der geologischen Erkundung, insbesondere hinsichtlich des Kenntnisstandes über die vermutete bzw. aufgefundene Lagerstätte, erfüllt sein müssen. Die Erfüllung der einzelnen Forderungen soll zu einer besseren Ordnung im Ablauf der geologischen Erkundungsarbeiten und zu einer jeweils zwangsläufigen ökonomischen Einschätzung der Erkundungsobjekte, die in keinem Falle übergangen werden kann, führen und damit die ökonomische Effektivität dieser Arbeiten — zumindest im volkswirtschaftlichen Sinne — sichern.

Резюме

Статья является попыткой излагать, какие предпосылки надо выполнить для проведения ранних стадий геологической разведки, в частности, что касается уровня знаний о предполагаемом или найденном месторождении. Соблюдение отдельных требований должно привести к лучшему порядку при проведении геологоразведочных работ и в каждом отдельном случае к неизбежной экономической оценке объектов разведки и этим самым обеспечить экономическую эффективность этих работ, по крайней мере в народнохозяйственном смысле.

Summary

An attempt is made to describe the conditions that must be fulfilled before early stages of geological reconnaissance can be carried out, particularly in view of the knowledge of a deposit supposed and discovered respectively. A realization of individual requirements would result in a better order of the completion of geological reconnaissance works. Moreover, it cannot fail to give an obligatory economic estimate of the objects to be explored, which by no means can be ignored. Thus the economic effectiveness of these works can be secured at least from an economic point of view.

Beitrag zur Klärung der Störursache der erdmagnetischen Anomalie von Delitzsch[1])

(Mitteilung aus dem VEB Geophysik, Leipzig)

GERHARD ADLER & EBERHARD CHRISTOPH, Leipzig

1. Vorbemerkungen

Der Raum zwischen Leipzig und Halle wird von einer positiven magnetischen Anomalie eingenommen, die bereits von GÖLLNITZ (1919) erwähnt wird. Während REICH (1926) noch das mächtiger werdende Tertiär nördlich Leipzig als Störursache ansieht, nimmt BEIN (1933) auf Grund seiner Meßergebnisse bereits Wirkungen von Gesteinen an, die dem kristallinen Untergrund angehören. LAUTERBACH (1938) erfaßte bei den erdmagnetischen Untersuchungen in NW-Sachsen und NE-Thüringen nur den Südteil der Delitzscher Anomalie und nimmt als Störursache einen tief gelegenen plutonischen Körper an. Unter diesem magnetischen Hoch wurden dabei die Wurzeln der Porphyrergüsse vermutet und eine weitere Erstreckung des Porphyrs in östlicher Richtung angenommen. Diese Verbindung der Halleschen und Nordwestsächsischen Porphyre wird dagegen von LEHMANN (1959) abgelehnt, da eine ausgeprägte relative Minimalzone diese magnetischen Hochgebiete trennt. WAGNER (1961) führt diese tektonische Zwischenzone auf ältere paläozoische Sedimente zurück, die dem „Nordsächsischen Sattel" angehören. Diese Annahme konnte inzwischen durch die Bohrung Mutschlehna 1/63 bestätigt werden. Die neuere erdmagnetische Regionalvermessung der Halleschen Mulde mit größerer Stationsdichte erbrachte erwartungsgemäß eine detailliertere Auflösung der Delitzscher Maximalzonen, wobei die herzynisch orientierte Hauptanomalie im Südosten Störwerte über 500 γ erreicht (WAGNER 1959, ADLER 1962a). In diesem Gebiet der höchsten ΔZ-Werte wurde von den Abteilungen Magnetik und Geologie des VEB Geophysik eine Bohrung vorgeschlagen und 1962 niedergebracht (Brg. Wolteritz 1/62), deren Ergebnis zur Klärung der Störursache der nun bereits mehr als vier Jahrzehnte bekannten magnetischen Anomalie beitragen sollte (CHRISTOPH 1962).

[1]) Eingang des Manuskripts in der Redaktion: 1. 10. 1963

2. Geologisch-geophysikalische Situation

Regional-geologisch-geophysikalische Übersicht

Das Gebiet der erdmagnetischen Anomalie von Delitzsch, nördlich Leipzig, liegt innerhalb der von KOSSMAT (1927) ausgeschiedenen und mit III bezeichneten Zone kristallinen Grundgebirges des varistischen Faltenbogens (Saxothuringikum), die anhand mehrerer Aufragungen vom nördlichen Teil der Vogesen über Odenwald, Spessart, Thüringer Wald, Erzgebirge, über die Elbe bis in das Gebiet der Westsudeten mit einer mittleren Breite von 150 km verfolgt wird.

Zur nördlichsten Aufsattelung dieses Gürtels gehören im mitteldeutschen Raum die kristallinen Gesteine des nordwestlichen Thüringer Waldes und des Kyffhäusers — Zone III A. In der nordöstlichen Verlängerung dieser Linie finden sich die Diorite von Dessau.

Neben diesem Zug, der durch die NE gerichteten magnetischen Hochgebiete Kyffhäuser, Wettin und Dessau belegt wird und rechtselbisch möglicherweise seine Fortsetzung in der Baruth—Gubener Schwelle findet (LAUTERBACH 1953/1954), deutet sich unter Berücksichtigung der im Delitzscher Hoch vorhandenen erzgebirgischen Richtung eine Verbindung dieser mit der Zentralthüringischen Anomalie im SW über das Hoch von Lauchstädt und die Herzberg—Bornsdorfer Achse im NE an (LAUTERBACH 1938). Möglicherweise

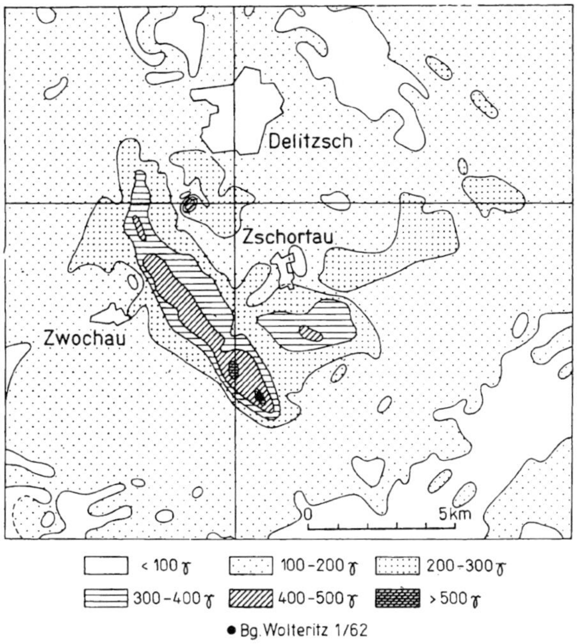

Abb. 1. ΔZ-Übersichtskarte der Delitzscher Anomalie

handelt es sich hierbei um einen zweiten, parallel verlaufenden Aufwölbungszug des Saxothuringikums. [Neuere erdmagnetische Untersuchungen im Herzberger Raum, verbunden mit Suszeptibilitätsabschätzungen der Störkörper, lassen einen Zusammenhang zwischen der Anomalie von Delitzsch und der von Herzberg vermuten, wobei das Hoch von Schmiedeberg nicht mit einzubeziehen ist (BUNZLER 1963).]

Das Gebiet der Delitzscher Anomalie — Meßtischblätter Brehna, Delitzsch, Zwochau, Zschortau (Abb. 1) —, das im Hinblick auf die Erforschung des prätertiären Untergrunds in den vergangenen Jahrzehnten unberücksichtigt geblieben ist, liegt innerhalb des Halleschen Porphyrkomplexes und wird im SE von dem Rotliegenderuptivgebiet Nordwestsachsens durch eine NE gerichtete relative Minimalzone abgeschnitten, die sich — wie unter Punkt 1 bereits erwähnt — als Hochlage einer kontaktmetamorphen Grauwacke erwies und möglicherweise dem „Nordsächsischen Sattel" angehört.

Die Delitzscher Anomalie unterscheidet sich durch wesentlich höhere Störwerte von den benachbarten magnetischen Hochs der Rotliegenderuptiva, die nur in kleinräumigen Maxima Störwerte über 200 γ aufweisen. Hinsichtlich der Störhöhe ist diese Anomalie mit der mehrfach unterbrochenen Maximalzone des variszischen Bogens Wettin—Meilendorf—Oranienbaum zu vergleichen.

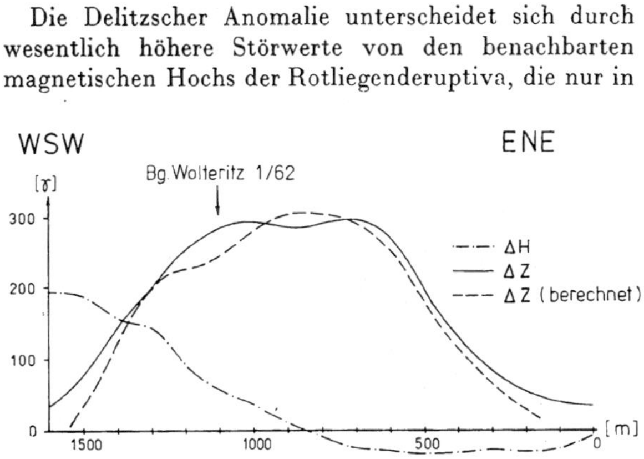

Abb. 2. ΔH-/ΔZ-Profil im Bereich des Teilmaximums von Wolteritz

Bemerkenswert ist, daß die Vergitterung der zwei tektonischen Hauptrichtungen (steil herzynisch und erzgebirgisch), die im ΔZ- und noch ausgeprägter im Zzz-Bild der Halleschen Mulde zum Ausdruck kommt (ADLER 1962a), auch im Delitzscher Gebiet zu erkennen ist. Die sich deutlich abhebende herzynisch gerichtete Kammlinie der Delitzscher Anomalie flankiert ein großflächiges Schwereminimum, das sich von Wurzen bis Delitzsch erstreckt und vermutlich granitisches Gesteinsmaterial als Ursache hat (SIEMENS 1953). Die hohen Störwerte innerhalb dieser herzynisch verlaufenden Teilanomalie sind auf eine relative Hochlage des Störkörpers zurückzuführen. Die für die Störkörperberechnung erforderliche Suszeptibilität zwischen 2000 und 4000 · 10^{-6} schließt Rotliegenderuptiva als Störursache aus. Außerdem können plattenförmige Einlagerungen im Gebiet der höchsten ΔZ-Werte nicht die allgemeine Felderhöhung der Umgebung erklären (ADLER 1962a). Das erdmagnetische Meßbild läßt neben mehreren oberflächennahen Einlagerungen auch tieferes magnetisch wirksames Gesteinsmaterial vermuten und spiegelt so den heterogenen Aufbau des Untergrundes wider.

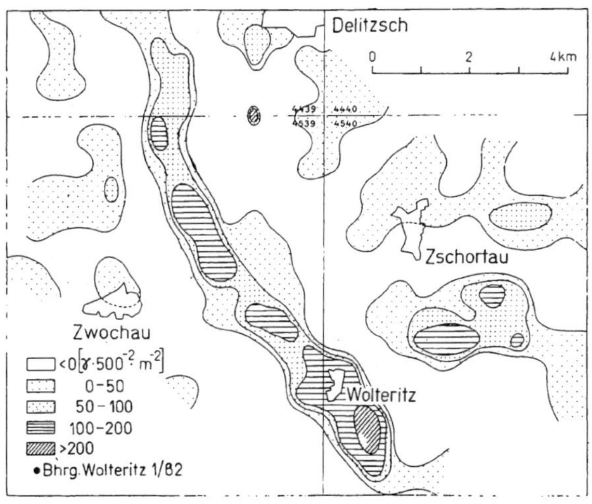

Abb. 3. Karte der zweiten vertikalen Ableitung

Spezielle geophysikalische Situation im Bereich des Bohransatzpunktes (Abb. 2)

Die Vieldeutigkeit der Interpretation, die allen Potentialfeldverfahren eigen ist, kann nur durch zusätzliche Annahmen (z. B. geologische Daten) weiter eingeschränkt werden. Die Übereinstimmung des gemessenen und für eine flache Aufwölbung nach HAALCK (1953) berechneten ΔZ-Verlaufs gibt eine der Lösungen der umgekehrten Aufgabe an (ADLER 1962a). Die Poltiefenbestimmung aus den ΔZ- und ΔH-Vektoren zeigte neben einem Konvergenzbereich bei 400 m einen zweiten tieferen Schnittpunkt. Letzterer kann sowohl auf einen zweiten Störkörper als auch auf eine Suszeptibilitätserhöhung innerhalb eines magnetisch inhomogenen Materials hinweisen. Die Störkörperoberkante des Wolteritzer Teilmaximums liegt nach der Methode von WEINBERG

(1961) bei etwa 135 m (ADLER 1962a). Dabei braucht die Oberkante des magnetisch wirksamen Körpers nicht mit den geologischen Gesteinsgrenzen identisch zu sein. Mit der Berechnung der zweiten vertikalen Ableitung nach ELKINS (1961) war es möglich, die oberflächennächsten Partien des Störkörpers zu ermitteln und den Bohransatzpunkt nach dem geophysikalischen Befund festzulegen (Abb. 3).

3. Ergebnisse der Bohrung Wolteritz 1/62

Geologisches Profil und bisherige petrographische Untersuchungen

In der Bohrung Wolteritz 1/62 wurde unter 1,5 m mächtiger Fein- und Mittelsandbedeckung bräunlichgelber Geschiebemergel der Saale-Eiszeit in etwa 7 m mächtiger Ausbildung angetroffen. Dieser wird von Fein- bis Mittelkiesen (mittelpleistozäne Muldeschotter) bis etwa 23 m unterlagert. Ein unterer, der Elster-Eiszeit zuzuordnender Geschiebemergel ist hier nicht entwickelt.

Das Liegende der Schotter bilden bereits tertiäre Tone, Braunkohlentone und Sande. Zwischen 25 und 26,5 m, 32 und 38 m sowie bei 48 m sind diesen Braunkohlenflöze mit geringmächtigen sandigen Zwischenmitteln eingeschaltet (Bitterfelder Flözhorizont). Das mittlere Flöz dürfte auch unter Berücksichtigung der Ergebnisse der elektrischen Bohrlochmessung eine Gesamtmächtigkeit von mindestens 5 m aufweisen.

Ergebnisse pollenanalytischer Untersuchungen liegen z. Z. noch nicht vor.

Die oberen Cottbusser Schichten sind durch teilweise schwach tonige Fein- bis Mittelsande vertreten.

Das Tertiär, das insgesamt eine Mächtigkeit von etwa 51 m erreicht, lagert unmittelbar der Kaolinhaube des Prätertiärs auf. Der stark tonig-kaolinische Zersatz geht nach der Teufe zu in grusiges granodioritisches Material über. Das feste und nahezu frische Prätertiär, ein mittel- bis grobkörniger, partienweise klüftiger und grau gefärbter Granodiorit, der nach den speziellen petrographischen Untersuchungen von GOTTESMANN[2]) als Adamellit im Sinne von JOHANNSON zu bezeichnen ist, wobei mit dem Gesteinsnamen nichts über die Genese ausgesagt werden soll, wurde bei rund 124 m angetroffen und bis 251 m (Endteufe) erbohrt.

Es handelt sich um ein richtungslos-körniges Gestein, das nach den bisher durchgeführten Integrationen aus 34—48 Vol.-% Plagioklas, 25—38 Vol.-% Kalifeldspat, Quarz (17—28 Vol.-%), Biotit (8 Vol.-%) und Amphibol (1—2 Vol.-%) besteht (GOTTESMANN 1962).

Plagioklas ist weiß gefärbt, oft frisch, z. T. stark serizitisiert und bildet unregelmäßig gestaltete Körner bis etwa 1 cm ∅. Kalifeldspat, rötlichbraun, liegt sowohl in Form kleiner xenomorpher Körner als auch einsprenglingsartig (Kristalle bis 3 cm ∅) vor. Letztere sind oft von dünnen weißen Rinden umgeben, die von GOTTESMANN (1962) als aus Plagioklas bestehend und als reichlich plagioklasführende Zone im Kalifeldspat beschrieben werden.

Quarz tritt in kleinen rundlichen Körnern auf. Bemerkenswert sind die im Schliff zu beobachtenden Verwachsungs- bzw. Verdrängungserscheinungen von z. T. unfrischem Biotit und Amphibol. Akzessorisch kommen Zirkon, Apatit, Titanit und opakes Erz (1 Vol.-%) vor (GOTTESMANN 1962). Die Opaksubstanz erwies sich vor allem als Magnetit, untergeordnet handelt es sich um Pyrit. Zwischen 150 und 155 m wurde offenbar eine Störungszone durchsunken, in der das Gestein stark vergrünt ist und die Feldspate leicht kaolinisiert sind. In diesem Bereich tritt ein erheblicher Kernverlust auf.

Dem als Adamellit bezeichneten Gestein sind vor allem zwischen 200 und 210 m Partien einer rötlichgrauen mafitärmeren feinkörnigeren Varietät eingeschaltet, die infolge des relativ hohen Quarzgehalts (40 Vol.-%) als „quarzreicher Adamellit" bezeichnet werden (GOTTESMANN 1962). Die Begrenzung dieser Zonen gegenüber dem umgebenden „typischen" Adamellit ist mehr oder weniger scharf, die Begrenzungsflächen stehen oft steil.

Ab etwa 170 m treten relativ häufig flachliegende (10 bis 20°) und bis 5 cm mächtige Aplit- und Pegmatitgänge mit scharfer Begrenzung zum umgebenden Adamellit in Erscheinung (Abb. 4). Während sich ein Teil der Pegmatitgänge aus Großkristallen von Quarz und Feldspat und untergeordnet dunklen Gemengteilen zusammensetzt, kommen andererseits geringermächtige (1 bis 2 cm) und etwa 45° fallende Gänge mit rötlicher Kalifeldspatfüllung vor. Es ist bemerkenswert, daß die unmittelbar benachbarten Gesteinspartien der zuletzt erwähnten Gänge eine deutliche Häufung und Einregelung der dunklen Gemengteile parallel zum Fallen der Gänge erkennen lassen.

Im Adamellit sind ferner rundliche, z. T. auch kantige und im allgemeinen zur Umgebung scharf begrenzte Fremdgesteinseinschlüsse eines dunkelgrauen feinkörnigen Materials zu beobachten, die einen Durchmesser bis 15 cm erreichen (Abb. 5). Diese finden sich vorzugsweise zwischen 140 und 200 m. Obwohl sich ein bei 160 m in einem Dünnschliff erfaßter kleiner Einschluß als kleinkörniger Biotit-Plagioklas-Hornfels erwies, in dem Amphibol und Opaksubstanz fehlen (GOTTESMANN 1962), führt ein bei 175 m untersuchter größerer Einschluß neben den Feldspäten sowohl Biotit und Amphibol mit den vom Adamellit beschriebenen Verwachsungserscheinungen als auch reichlich Magnetit. An dem Einschlußmaterial scheinen also Biotit-Plagioklas-Hornfels und feinkörnige granodioritische Gesteine mit reichlich Hornblende und Biotit beteiligt zu sein.

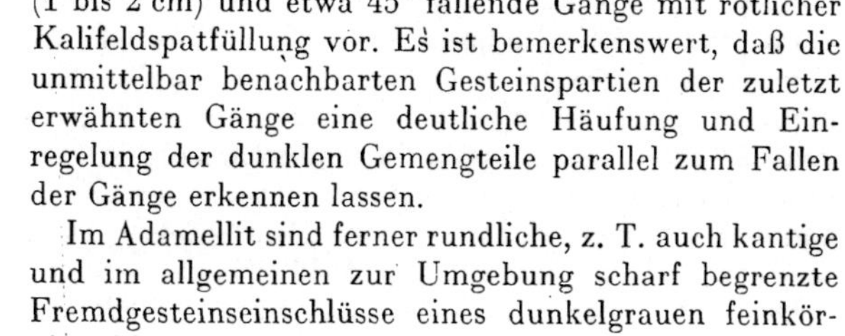

Abb. 4. Mittel- bis grobkörniger Adamellit mit flachfallendem Aplitgang (Bohrkern, Schnitt ‖ zur Kernachse, 173,5 m/0,90 m)

[2]) Die spezielle petrographische Untersuchung des Kernmaterials liegt in Händen der Abt. Petrogr. und Min. des ZGI, Berlin. An dieser Stelle sei Frau Dipl.-Min. GOTTESMANN für die freundliche Überlassung der bisherigen petrographischen Untersuchungsergebnisse herzlich gedankt.

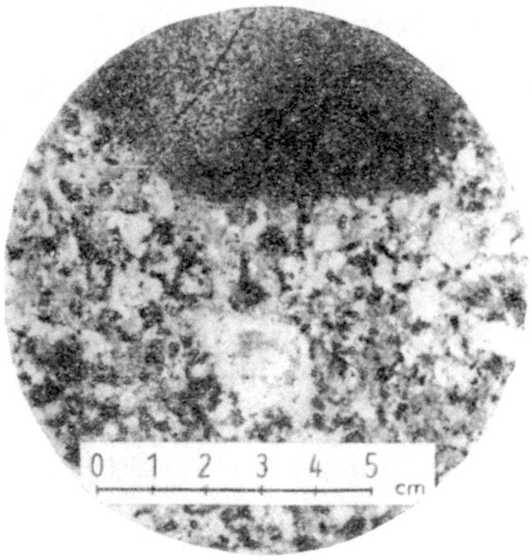

Abb. 5. Mittel- bis grobkörniger Adamellit mit Einschluß von feinkörnigem Hornblende-Biotit-Granodiorit (Bohrkern, Schnitt ⊥ zur Kernachse, 174,0 m/0,55 m)

Petromagnetische Untersuchung des Kernmaterials (Abb. 6)

Die Kerne der Bohrung Wolteritz 1/62 wurden mit einem Suszeptibilitätsmeßgerät nach POHLERS hinsichtlich ihrer magnetischen Suszeptibilität untersucht.

Das magnetisch wirksame Material beginnt bei rund 130 m mit dem festen und nahezu frischen Gestein. Der anhand eines ΔZ-Profiles, das das erdmagnetische Extremum bei Wolteritz etwa senkrecht quert, nach der Methode von WEINBERG (1961) errechnete Wert für die Oberkante des Störkörpers liegt bei 135 m und zeigt somit eine bemerkenswert gute Übereinstimmung zu den tatsächlich vorliegenden Verhältnissen.

Die Suszeptibilität des angetroffenen Adamellits ist im allgemeinen sehr einheitlich, das Mittel liegt bei etwa $1400 \cdot 10^{-6}$. Auffallend ist dabei die zwischen 175 und 195 m festgestellte Zone höherer magnetischer Wirksamkeit mit Suszeptibilitätswerten bis $2000 \cdot 10^{-6}$. Der Mittelwert in diesem Bereich liegt bei $1800 \cdot 10^{-6}$.

Die verhältnismäßig geringen Schwankungen der Amplitude um den Mittelwert $1400 \cdot 10^{-6}$ einerseits und $1800 \cdot 10^{-6}$ andererseits haben verschiedenartige Ursachen. Sie gehen sowohl auf die unterschiedliche Magnetitverteilung im Gestein als auch auf geringmächtige Einlagerungen magnetisch unwirksamen Materials (Aplit- und Pegmatitgänge) und auf starke Zersetzung des Gesteins (tektonische Störungszone) sowie starke Klüftigkeit zurück.

Als Hinweis auf die anfangs genannte Ursache soll einmal der magnetische Befund des zwischen 175 und 195 m durchteuften Materials angeführt werden, das sich vom hangenden und liegenden Adamellit makroskopisch nicht unterscheidet. Zum anderen wurden an den zwischen 140 und 200 m auftretenden, bereits beschriebenen größeren Einschlüssen und im Bereich der gehäuft und eingeregelt vorkommenden dunklen Gemengteile entsprechend ihres größeren Magnetitgehalts höhere Suszeptibilitätswerte festgestellt (Einschlüsse bei 149, 162, 190 m usw., Einregelungen in der unmittelbaren Nachbarschaft von Aplit- und Pegmatitgängen; bei 201 m wurden sogar Suszeptibilitätswerte von $2500 \cdot 10^{-6}$ festgestellt).

Die erwähnten und bis 5 cm mächtigen Aplit- und Pegmatitgänge, die magnetisch unwirksam sind, machen sich bei den Suszeptibilitätsmessungen lediglich durch Rückgang der Amplitude bemerkbar, da die benachbarten Adamellite infolge der geringen Mächtigkeit der Gänge mit erfaßt werden.

Eine tektonische Störungszone mit stark vergrüntem Material, das eine niedrigere Suszeptibilität aufweist, wurde zwischen 150 und 155 m durchbohrt. Da der hier festgestellte Suszeptibilitätswert ($1175 \cdot 10^{-6}$) im Bereich der im frischen Gestein zu beobachtenden Schwankungen liegt, kann der Kurvenrückgang möglicherweise nur zum Teil auf eine Zersetzung des Magnetits in dieser Zone zurückgeführt werden.

Die Partien einer mafitärmeren Varietät des Adamellits („quarzreicher Adamellit"), die von 200 bis 210 m auftreten, zeigen deutliche Kurvenminima.

Abb. 6. Logarithmische Darstellung der am Kernmaterial der Brg. Wolteritz 1/62 gemessenen Suszeptibilitätswerte

1 – Fein- und Mittelsand, 2 – Geschiebemergel, 3 – Kies, 4 – Braunkohle, 5 – Ton, z. T. kohlehaltig, 6 – Zersatz granodioritischen Materials, in Grus übergehend, 7 – Adamellit, 8 – Aplit- und Pegmatitgänge, 9 – quarzreicher Adamellit, 10 – Hornblende-Biotit-Granodiorit-Einschlüsse, 11 – Störungszone (Profil des Deckgebirges nach den Ergebnissen der elektrischen Bohrlochmessungen korrigiert)

4. Die Störursache der Delitzscher Anomalie

Wenn auch Rotliegenderuptiva als Störursache der magnetischen Maximalzone in jüngster Zeit ganz oder teilweise abgelehnt wurden (ADLER 1962a, WAGNER 1961), so war granodioritisches Material zunächst nicht erwartet worden, da sich diese Gesteine, die im Gebiet der Halleschen Mulde bisher bekannt geworden sind, als fast unmagnetisch erwiesen.

Das granodioritische Material der Bohrung Wolteritz 1/62 mit seiner relativ hohen Suszeptibilität zwischen 1500 und $2000 \cdot 10^{-6}$ ist hinsichtlich seiner Magnetisierbarkeit mit dem Granodiorit von Döhlen und Henneberg und dem Kirchberger Biotitgranit zu vergleichen. Dieser thüringische Granodiorit weist Magnetisierbarkeitswerte zwischen 150 und $465 \cdot 10^{-1}$ pars bzw. 0 bis $1287 \cdot 10^{-1}$ pars auf (HIERSEMANN 1956). Der Faktor der Umrechnung in die wahre Suszeptibilität beträgt 2,2 bis $3{,}9 \cdot 10^{-6}$ je nach verwendeter Feldwaage (PESCHEL 1959).

Beim Kirchberger Biotitgranit zeigte nur eine porphyrische Randzone eine erhöhte Magnetisierbarkeit, die Werte lagen oberflächennah bei $210 \cdot 10^{-6}$ und nahmen mit der Tiefe weiter zu (ADLER 1962b). In Analogie mit diesen Betrachtungen könnte der erbohrte Wolteritzer Granodiorit eine Randzone des vermuteten großen granitischen Körpers darstellen. Nach dem magnetischen Meßbild wird sich dieser Granit von dem Wolteritzer durch seine größenordnungsmäßig geringere Suszeptibilität unterscheiden. Die Bohrung Wolteritz 1/62 hat damit eine Unterbrechung des Halleschen Porphyrkomplexes nachgewiesen, so daß die geologische Strukturkarte von SIEMENS in diesem Gebiet eine Ergänzung erfährt. Im Gegensatz zu der Hochlage des Kristallins wird die weitere Umgebung der Delitzscher Anomalie wenigstens teilweise von Rotliegendsedimenten und -eruptiva überlagert.

Die Vergitterung der zwei Hauptrichtungen zeigt sich im ΔZ- und Zzz-Bild des Delitzscher Hochs. Die erzgebirgische Richtung bildet sich durch Einzelmaxima auch in der Karte der zweiten Ableitung nach ELKINS (1961) ab, wobei die Untergliederung des ΔZ-Bildes noch verstärkt wird. Die einzelnen Maxima stellen vermutlich Granodioritaufragungen dar, Unterbrechungen durch tektonische Störungen sind möglich. Die Magnetisierbarkeit des Granodiorits ist nach bisherigen Ergebnissen keinen großen Schwankungen unterworfen.

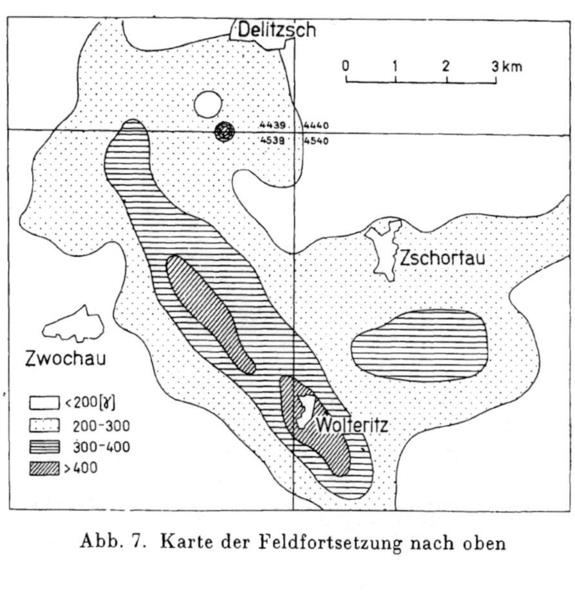

Abb. 7. Karte der Feldfortsetzung nach oben

Die Karte der Feldfortsetzung nach PETERS (1949) für 150 m Höhe zeigt die geringe Störwertabnahme gegenüber der Bodenmessung, die auf eine große Tiefenerstreckung schließen läßt. Mit der Berechnung der Feldfortsetzung nach oben werden die Einflüsse der oberflächennahen Störkörper unterdrückt, und der Zusammenhang sowie das Relief des Delitzscher Grundkörpers sind erkennbar (Abb. 7). Obwohl ein flaches Abtauchen des herzynisch angeordneten Teilkörpers in südwestlicher Richtung vorliegt, geben Isanomalenausbuchtungen wie nördlich Zwochau unterschiedliche Erstreckungen in dieser Richtung an, die tektonisch bedingt sein können. Der Nordostabfall wird durch die erzgebirgisch streichende Teilanomalie nordöstlich Wolteritz überlagert. Niedrigere Störwerte nördlich Zschortau können auf eine Tieflage des Granodiorits hinweisen, soweit nicht bereits anderes unmagnetisches Gesteinsmaterial angrenzt.

Zusammenfassung

Mit der Bohrung Wolteritz 1/62 wurde erstmalig ein Aufschluß im Bereich der seit mehr als 40 Jahren bekannten erdmagnetischen Anomalie von Delitzsch geschaffen. Als Störursache erwies sich eine sehr einheitliche magnetisch wirksame Varietät eines granodioritischen Materials, das seiner petrographischen Ausbildung nach als Adamellit zu bezeichnen ist. Die Karten von ΔZ, Zzz und der Feldfortsetzung nach oben wurden im Zusammenhang mit dem Bohrergebnis geophysikalisch und geologisch interpretiert.

Резюме

Скважиной Вольтериц 1/62 впервые создано искусственное вскрытие в районе геомагнетической аномалии Делицш, известной более 40 лет. Причиной нарушения оказалась очень однородная, магнетически проявляющаяся разность гранодиоритового материала, идентифицированного по своему петрографическому составу как адамеллит. В связи с результатом бурения, карты ΔZ, Zzz и продолжения поля вверх истолкованы геофизически и геологически.

Summary

With the Wolteritz borehole 1/62 an exposure was made for the first time in the area of the geomagnetic anomaly of Delitzsch known for more than 40 years. A very homogeneous, magnetically effective variety of granodioritic material, which in conformity with its petrographic structure must be designated as adamellite, was shown to be the cause of the disturbance. The maps of ΔZ, Zzz and of the continuation of the field in an upward direction are geophysically and geologically interpreted in connection with the drilling result obtained.

Literatur

ADLER, G.: Ergebnisbericht über erdmagnetische Untersuchungen im Gebiet der Halleschen Mulde. – Unveröff., Archiv VEB Geophysik, Leipzig 1962 (1962a).
– Ergebnisbericht über erdmagnetische Erkundung Westerzgebirge I. – Unveröff., Archiv VEB Geophysik, Leipzig 1962 (1962b).
BEIN, E.: Die Geologie des Gebietes zwischen Saale und Elbe im Lichte erdmagnetischer Messungen. – Beitr. phys. Erforsch. Erdrinde, H 6, Berlin 1933.
BUNZLER, H.: Ergebnisbericht erdmagnetische Erkundung Wittenberg–Herzberg–Calau. – Unveröff., Archiv VEB Geophysik, Leipzig 1963.
CHRISTOPH, E.: Situationsbericht zur Brg. Wolteritz 1/62 vom 20. 6. 62. – Unveröff., Archiv VEB Geophysik, Leipzig 1962.
ELKINS, TH. A.: The second derivative method of gravity interpretation. – Geophysics, 16, 1, Tulsa 1961.
GÖLLNITZ, O.: Die Vermessung des Sächsischen Staatsgebietes. – Beitr. Jb. Berg- u. Hüttenwesen Sachsen, Freiberg 1919.

Zeitschrift für angewandte Geologie, Bd. 10 (1964) Heft 2

GOTTESMANN, B.: Bericht über die petrographische Untersuchung von 4 Kristallinproben der Brg. Wolteritz 1/62 vom 13. 12. 62. – Unveröff., VVB Feste Minerale, Berlin 1962.

HAALCK, H.: Lehrbuch der angewandten Geophysik, Teil 1. – Berlin 1953.

HIERSEMANN, L.: Bericht über relative Suszeptibilitätsbestimmungen an Graniten, Diabasen und Schalsteinen im Gebiet der Frankenwälder Querstruktur. – Unveröff., Archiv VEB Geophysik, Leipzig 1956.

KOSSMAT, F.: Gliederung des varistischen Gebirgsbaues. – Abh. sächs. geol. Landesamt, H. 1, Leipzig 1927.

LAUTERBACH, R.: Geomagnetische Untersuchungen in Nordwest-Sachsen und Nordost-Thüringen. – Veröff. geophys. Inst. Karl-Marx-Univ., Leipzig 1938.

– Beiträge zur tektonischen Deutung der geomagnetischen Übersichtskarte der DDR. – Wiss. Z. Karl-Marx-Univ., math.-nat. R., 3, 3, Leipzig 1953/1954.

LEHMANN, M.: Die erdmagnetische Vermessung von Nordwestsachsen. – Z. angew. Geol., 5, 6, Berlin 1959.

PESCHEL, G.: Untersuchungen über die Beziehung zwischen den Suszeptibilitäten von Gesteinshandstücken und den Ablenkungswerten an Feldwaagen. – Unveröff., Archiv VEB Geophysik, Leipzig 1959.

PETERS, L. J.: The direct approach to magnetic interpretation and its practical application. – Geophysics, 14, 3, Tulsa 1949.

REICH, H.: Magnetische Messungen im Aachener und Erkelenzer Steinkohlenrevier und ein Versuch ihrer geologischen Deutung. – Jb. preuß. geol. Landesanst., 47, Berlin 1926.

SIEMENS, G.: Die Schwerekarte der DDR. – Freiberger Forsch.-H., C 7, Berlin 1953.

WAGNER, F. W.: Abschlußbericht über erdmagnetische Untersuchungen im Gebiet der Halleschen Mulde. – Unveröff., Archiv VEB Geophysik, Leipzig 1959.

– Die magnetische Anomalie von Delitzsch. – Z. angew. Geol., 7, 12, Berlin 1961.

WEINBERG, A. K.: Graphisches Verfahren zur Tiefenbestimmung magnetisierter Körper. – Iswestija Akademii Nauk SSSR, ser. geof., H. 1 (1961) [russ.].

Zur Geochemie des Germaniums und weiterer Spurenelemente im Hrádek-Teil des Zittauer Beckens[1])

JOSEF ČADEK, VÁCLAV MACHÁČEK & JAROSLAV VÁCL, ČSSR

In den Jahren 1957–1959 erforschten die Autoren grundlegend die Geologie des tschechoslowakischen Teils, d. h. des Hrádek-(Grottauer) Teils, des tertiären Zittauer (Žitava) Braunkohlenbeckens. Durch diese Arbeit wurde der gesamte geologische Bau dieses tiefsten, tektonisch mobilen Beckenteils klargestellt. Die Schichtenfolge der faziell sehr veränderlichen miozänen Sedimente ist stellenweise bis beinahe 400 m mächtig und gehört dem sich von W nach E verschiebenden Hauptdelta an. Die miozänen Ablagerungen bestehen im ganzen aus vier Flözzonen, die den zwei sich durch die Richtung der Materialzufuhr in das Becken unterscheidenden Sedimentationsetappen entsprechen. Die Ergebnisse der geologischen und mineralogisch-petrographischen Erforschung wurden bereits früher veröffentlicht.

In der vorliegenden Arbeit sind die Ergebnisse des Studiums der Spurenelemente, insbesondere des Germaniums, in dem auf dem Gebiet der ČSSR neuentdeckten Braunkohlenflöz zusammengefaßt. Dieses Flöz, das jüngste stratigraphische Glied der ersten Sedimentationsetappe, erstreckt sich – im Gegensatz zu anderen Flözzonen – fast über den ganzen tschechoslowakischen Teil des Beckens hin, und zwar meistens in größeren Tiefen (bis 270 m unter Oberfläche).

Die Spurenelemente wurden teils chemisch (Ge, Zn, Cu, Pb, Cr, V, Ni, Co, Mo), größtenteils jedoch durch die quantitative Spektralmethode (Ge, Ga, Cu, Zn, Pb, Ag, Sn, Co, Ni, Mo, Cr) untersucht, und zwar in allen zehn Bohrungen, die das untere Flöz angetroffen haben. Zur Orientierung wurden auch die sonstigen Flözzonen in die Untersuchung einbezogen; sie sind jedoch im größten Teil des Hrádek-Ausläufers taub, da ihre produktive Ausbildung außerhalb des eigentlichen Deltas liegt. In diesen Zonen ist jedoch keine Anreicherung festgestellt worden. Wo als Äquivalente des mittleren und höheren Flözes hemixylitische Bruchstücke in kohlehaltigen Tonen des Deltagebiets vorkommen, sind sie manchmal angereichert (Hr 1, Hr 30).

Eine stärkere Anreicherung des unteren Flözes wurde in drei Bohrungen (Hr 1, Hr 20 und Hr 30) festgestellt, und zwar an der Sohle und am Dach des unteren Flözes. So ist z. B. in der Bohrung Hr 20 die Ge-Anreicherung an der Sohle von 0,03% in der Asche und am Dach von 0,65% in der Asche festgestellt worden; weiter wurde in der letzten Probe eine Anreicherung von Ga (0,011%), Cu (0,13%), Zn (6,28%), V (0,13%), Cr (0,06%), Ni (0,06%), Co (0,03%) in der Asche gefunden. In dem tektonisch stark zerklüfteten unteren Flöz (Hr 30) schwanken die Ge-Gehalte von 0,005 bis 0,15% in der Asche, wobei in der ganzen unteren Partie dieser Flözzone der durchschnittliche Ge-Gehalt 0,004% in der Kohle beträgt. Extrem angereichert sind auch die Hemixylit-Bruchstücke im oberen unproduktiven Teil der unteren Flözzone dieser Bohrung (Maximalgehalt von Ge 0,82% in der Asche). In gleichem Verhältnis wie Germanium kommt in Zehntausendsteln bis Tausendsteln % auch Gallium vor.

Die Ge-Gehalte bei weiteren Bohrungen, die das untere Flöz angetroffen haben, sind größtenteils niedrig. Nur ausnahmsweise wurden im Deltagebiet der zweiten Sedimentationsetappe auch Gehalte über 0,001% Ge in der Asche festgestellt, meistens an der Sohle oder am Dach des Flözes. Das unregelmäßige Vorkommen höherer Konzentrationen von Ge und anderen Elementen wird durch die stark differenzierte Einwirkung verschiedener (hydrogeologischer, paläogeographischer, lithologischer und tektonischer) Faktoren verursacht. Sie beeinflussen Menge und Konzentration der die Kohle an verschiedenen Stellen des Flözes durchdringenden Lösungen.

Aus paläogeographischen, lithologischen und tektonischen Gründen ist die Anreicherung von Spurenelementen nur an das Delta der zweiten Sedimentationsetappe, und zwar vornehmlich an seinen mittleren Teil, gebunden. Die Abhängigkeit angereicherter Lagen von den lithologisch geeigneten, hydrogeologisch durchlässigen Horizonten im Zusammenhang mit ihrer gegenseitigen Verbindung an den tektonischen Hauptrandlinien ist deutlich. Weniger klar sind die festgestellten Anreicherungsabhängigkeiten von den petrographischen Typen des unteren Flözes (größtenteils sind Hemixylit-Bruchstücke vertreten). An manchen Stellen konnte man eine indirekte Abhängigkeit zwischen den Asche- und Ge-Gehalten beobachten. Alle durch Germanium stärker angereicherten Partien wiesen auch erhöhte Gehalte anderer Elemente (insbesondere Ga und Zn) auf. Besonders bedeutsam erscheint die Abhängigkeit des gemeinsamen Vorkommens von Ge und Zn zu sein.

Verf. stellen fest, daß es zur Anreicherung nach der Ablagerung des unteren Flözes durch Sorption aus den zirkulierenden Lösungen gekommen ist, wobei sie als einen der Hauptfaktoren dieser Konzentration einen sehr langen Zeitraum (ca. 20 Mill. Jahre) annehmen, in welchem die für diese Sorption geeigneten hydrogeologischen Bedingungen andauerten. Diese existierten nämlich auch zu Beginn des Pleistozäns, als der Hauptwasserlauf in das Becken an der Stelle des miozänen Deltas der zweiten Sedimentationsetappe mündete, und auch während der Entwicklung der glaziofluviatilen und glaziolakustrischen Sedimente bzw. im Zeitabschnitt der kontinentalen Vereisung dieses Gebiets. Die postglaziale Verschiebung des Hauptflußlaufs weiter nach W, die durch isostatische Bewegungen nach dem Gletscherrückzug hervorgerufen wurde, ist die Ursache der heutigen beschränkten Wasserzirkulation in den Deltaablagerungen der zweiten Sedimentationsetappe. Die relativ geringen Spurenelementgehalte im produktiven Abschnitt der oberen Flözzone entsprechen völlig dem kurzen Zeitabschnitt (ca. 0,5 Mill. Jahre), der vom hydrogeologischen Gesichtspunkt aus zu ihrer Konzentration geeignet war.

[1]) Diese Publikation entspricht der Zusammenfassung der Arbeit, die diese Autoren unter der gleichen Überschrift in: „Sborník ústředního ústavu geologického", XXVIII, S. 581–596, Prag 1961, veröffentlicht haben. Übers.: MÜLLER.

Das Liefergebiet der im unteren Flöz angereicherten Spurenelemente sind die kristallinen Gesteine im SE des Beckenrands, d. h. die Gesteine des Granits von Rumburk (Rumburger Granit), die nach E in die Jizera- (isergebirgischen) Orthogneise übergehen, Granitoide aus dem Rand und von dem Kontakt des Plutons von Krkonoše und Jizerské hory (Riesengebirgs-Isergebirgsplutons) und Gesteine des Paläozoikums vom Ještěd (Jeschken), in welchen postmagmatische Gang-Erzlagerstätten der Pb-Zn-Ag- und Sn-W-Co-Formation in der weiteren Umgebung von Chrastava (Kratzau) vorkommen.

Die Auslaugungsfähigkeit und Löslichkeit der Spurenelemente wurde durch regionale fossile kaolinische Verwitterung intensiviert. Verf. haben in dem Untersuchungsgebiet diese Verwitterung schon aus der Zeit vor und während der miozänen Sedimentation nachgewiesen.

Im Einklang mit den Ansichten von M. U. OTTE (1953) nehmen Verf. an, daß im Hinblick auf die Auslaugungsdauer das primäre Liefergebiet für die Anreicherung nicht in anomalen Gehalten der Ganggesteine, sondern nur in durchschnittlichen, in der Literatur angegebenen CLARKE-Werten von Germanium, Zink und anderen Elementen in granitoiden Gesteinen zu suchen ist.

Mineralogische und geochemische Untersuchung des sogenannten Dolomitsandes im Aufschluß Caaschwitz[1])

PETER OSSENKOPF, Freiberg (Sa.)

(Mitteilungen aus dem Institut für Mineralogie und Lagerstättenlehre der Bergakademie Freiberg/Sa., Nr. 151)

1. Aufgabenstellung

Die Aufgabe der Arbeit besteht darin, das Übergangssediment zwischen dem Plattendolomit und dem Oberen Letten im Dolomitbruch Caaschwitz des VEB Dolomitwerk Wünschendorf (Elster) zu untersuchen. Dabei sollen

1. die Faziesunterschiede der Sedimente durch sedimentpetrographische und geochemische Untersuchungen,
2. die mineralogische Zusammensetzung durch mikroskopische Untersuchung und
3. die Art der auftretenden Tonminerale mittels Röntgenanalyse ermittelt werden.

2. Geologische Verhältnisse

Der Aufschluß liegt ungefähr 10 km nordwestlich Gera am linken Hang des Tals der Weißen Elster am Flurstück „Läuseberg". Im Dolomitbruch ist der Obere Zechstein mit Unterem Letten, Plattendolomit und Oberem Letten angeschnitten, der vom Unteren Buntsandstein überlagert wird. Die Mächtigkeiten betragen:

Unterer Buntsandstein (bis zur Ackerkrume)	ca. 10 m
Oberer Letten	ca. 5 m
Plattendolomit	ca. 17 m
Unterer Letten	ca. 6 m

Diese Sedimente haben durch atektonische Verwerfungen und Aufsattelungen eine unruhige Lagerung.

3. Stoß- und Probenbeschreibung

Die Proben wurden von jeder in Farbe, Festigkeit oder Körnigkeit abweichenden Sedimentlage des Übergangssediments entnommen. Das Profil kann hier nur vereinfacht angeführt werden, es ist vollständig in OSSENKOPF (1963) enthalten.

Das vereinfachte Profil sieht folgendermaßen aus:

h) rotbraune Letten	ca. 3 m
g) gelb-bräunlich-grüner toniger Sand	1,5 m
f) Dolomitbänkchen	0,08 m
e) braunroter Sand / grünlicher sandiger Ton	0,05 m
d) grünlich-gelbbrauner sandiger Ton	2 m
c) Dolomitkonglomerat in mattbraunrotem sandigem Ton / gelblich-grünbraun sandiger Ton / zersetzter Dolomit in gelblich-grünem tonigem Sand	0,20 m
b) dunkelgraubraune Tonlage	0,005 m
a) Plattendolomit	17 m

[1]) Eingang des Manuskripts in der Redaktion: 22. 10. 1963

Die liegende Begrenzung wird vom oberen Teil des Plattendolomits gebildet (a). Es ist ein hellgrauer bis dunkelgrauer, feinkörniger bis dichter Dolomit mit feiner Bankung und starker Klüftung. Auffällig ist eine schichtförmige Anordnung von nadligen Hohlräumen (2 mm × 0,3 mm), aus denen nach OEHME (1959) Gipskristalle ausgelaugt wurden. An manchen Proben ist eine körnig beginnende Verwitterung zu beobachten. Die Zersetzung kann so weit gehen, daß der Dolomit sandig zerfällt. Es bildet sich dann allmählich im cm-Bereich, aus dem Dolomit hervorgehend, ein rötlich- bis gelblich-weißer „Sand" mit einer durchschnittlichen Korngröße von 0,5 mm.

Über dem Dolomit liegt eine bitumenreiche, dunkelgraubraune, feinsandige Tonlage bis zu 0,5 cm Mächtigkeit (b). Die nach oben anschließende Schicht ist an verschiedenen Stellen des Abraumstoßes an der Nordwand des Bruchs verschiedenartig ausgebildet (c). Im westlichen Ende (50 m) des Stoßes folgt auf das Tonhäutchen ein konglomeratisches Glied von 10—20 cm Mächtigkeit. Es enthält zur Hälfte kavernöse, aber größtenteils sandig zerfallene Dolomitstückchen von 2 cm Größe und ebensogroße, grüngraue Schiefertonteilchen, die in einem gelblich-grünen tonigen Sand liegen. Nach oben hin wird der Tonanteil größer und der Dolomitgehalt kleiner. Im östlichen Teil (200 m) fehlt der Dolomit in dieser Schicht. Dafür treten vereinzelt blaugraue tonige Partien und Sandlinsen im cm-Bereich auf. An einem Punkt auf der Dolomitwand steht als dritte Art ein Konglomerat mit 5 cm großen, unzersetzten Dolomitbrocken in einer mattbraunroten sandigen Tonmatrix an.

Die 2—2,5 m mächtige Schicht über der konglomeratischen Lage besteht aus grünlich-gelbbraunem sandigem Ton (d), wobei in Schlieren einzelne Farben stärker betont werden können. Der sandige Anteil nimmt nach oben hin zu, und der Tongehalt verringert sich bis zum tonigen Sand. Unregelmäßig eingestreut kommen graublaue Tonlinsen und Sandlinsen in dm-Größen vor. In allen Schichten außerhalb des zersetzten Dolomits liegen die Sandkorngrößen unter 0,2 mm. Auf diese Schichten folgt ein sandiger braunroter bzw. im öst-

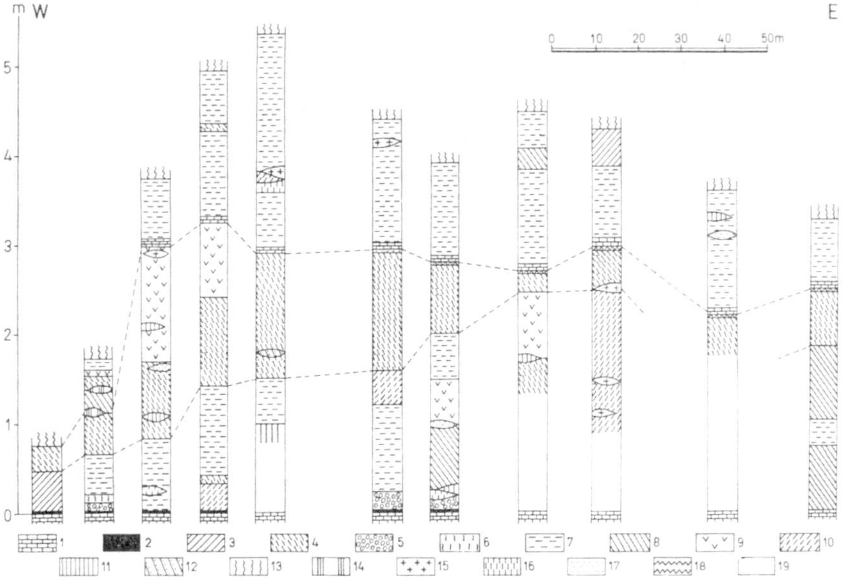

Abb. 1. Profillinien durch das Übergangssediment (zwischen Plattendolomit und Oberem Letten) an der Nordwand des Dolomitbruchs Caaschwitz

1 – Dolomit; 2 – dunkelbraungrauer Ton; 3 – grünlichgrauer sandiger Ton; 4 – gelblichgrüner toniger Sand; 5 – zersetzter Dolomit in gelblich grünem sandigem Ton; 6 – gelblichbrauner sandiger Ton; 7 – schlieriger, grünlicher sandiger Ton; 8 – gelblichgrüner sandiger Ton; 9 – gelblichbrauner toniger Sand; 10 – bräunlichgrüner toniger Sand; 11 – blaugrauer Ton; 12 – gelblichbrauner Sand; 13 – rotbrauner sandiger Ton; 14 – dunkelgraugrüner Ton; 15 – zersetzte Dolomitknollen; 16 – hellgrauer Ton; 17 – orangefarbener Sand; 18 – grünbrauner Sand; 19 – in diesen Bereichen war der Stoß nicht aufgeschlossen, die Entfernungen wurden geschätzt.

lichen Teil ein grünlicher sandig-toniger Streifen von 5 cm Stärke (e).

Als einziger durchgehender Horizont erstreckt sich über den obenbeschriebenen Lagen eine Dolomitbank bis zu 10 cm Mächtigkeit (f), die teilweise in einzelne Knollen zergliedert ist. Sie hat vorwiegend an der oberen Fläche eine sandige Zersetzungskruste. Der feste Dolomit — er ist kalkreicher als der liegende Plattendolomit — ist zuckerkörnig bis dicht und enthält z. T. Quarzkörnchen von 1 mm Durchmesser. Über dem Dolomitbänkchen liegt eine uneinheitliche, wechselnd gelbbräunliche, grüne Folge mit tonigem Sand in 1,5 m Stärke (g). Der Übergang zu den rotbraunen Letten (h) im Hangenden verläuft ohne scharfe Grenze.

Die Abb. 1 enthält in Profillinien die obenbeschriebenen Proben.

4. Korngrößenverteilung

Der Siebschnitt bei 60 μm ergab eine Zunahme des groben Korns vom Ton (b) über dem Plattendolomit (12% über 60 μm) bis zum tonigen Sand (d) unter dem Dolomitbänkchen (75% über 60 μm). Über dem Dolomitbänkchen steigt der grobe Anteil wiederum von 20% grobem Korn (g) auf 50% in den rotbraunen Letten (h).

5. Dichtetrennung

Von der Kornfraktion über 60 μm Durchmesser wurden mit Acetylentetrabromid die Schwerminerale (γ über 2,9 g/cm^3) abgetrennt. Dabei stellte sich heraus, daß in dem unteren Meter der Profile über dem Plattendolomit die größten Schwermineralkonzentrationen vorhanden sind, die von ungefähr 7000 g/t im dunkelgraubraunen Ton (b) auf rund 40 g/t im grünlich-gelbbraunen sandigen Ton absinken (d). Die Gehalte in dem oberen Teil der Profile liegen bei 300 g/t.

6. Mikroskopische Untersuchung

Als Hauptbestandteil der lockeren Massen konnte Quarz verschiedenen Rundungsgrads festgestellt werden. Die Größe der Körnchen variiert zwischen 0,5 mm und 0,01 mm. Die Tonminerale wurden nicht mikroskopisch identifiziert. Vor allem in den unteren Zonen des Profils (b, c) sind Dolomit und Calcit als Aufarbeitungsprodukt vorhanden. Sie haben verschiedenen Rundungsgrad und liegen im Größenbereich 0,1—0,01 mm. Neben vereinzelten Feldspatbruchstücken treten Glimmer (farblos, grünlich, dunkelgrau) in einzelnen Schüppchen oder als stärkere Pakete auf.

Als Schwerminerale kommen in der Reihenfolge der Häufigkeit vor: Limonit als Krusten und Knollen bis 1 mm Durchmesser, körniger Magnetit mit ungefähr 0,06 mm Durchmesser (in sandigen Linsen gröber, in Tonlinsen feiner), ebenso Ilmenit und Hämatit.

Die weiteren Minerale sind nur sehr untergeordnet vorhanden: Turmalin mit Anwachszonen, Hornblende als kleine Bruchstücke, grobnadliger bis gerundeter Zinnstein, gerundete Monazitkörner, gelbbrauner und farbloser Zirkon, rosa Granat, kurzsäuliger Rutil (auch als Herz- und Kniezwilling), Apatit, Topas, Baryt. Die nichtopaken Schwerminerale sind im allgemeinen kleiner als die opaken Körner, im Mittel beträgt der Durchmesser 0,1—0,01 mm.

Einige Dolomitdünnschliffe von den oberen Zonen des Plattendolomits (a) zeigen eine richtungslose Körnigkeit von ungefähr 0,2 mm. Dagegen ist der Dolomit aus dem Dolomitbänkchen (f) mit 0,05—0,02 mm Korngröße wesentlich feinkörniger. Er enthält neben einigen Quarzkörnchen auch Hämatitschlieren.

7. Spektralanalytische Untersuchung

Um auch die Abhängigkeit des Spurenelementgehalts von der Korngröße festzustellen, wurden von beiden Siebfraktionen (größer und kleiner als 60 μm) spektrochemisch die Gehalte an Mn, V, Ti, Zr, Ni, Cu, Pb, Ga, Ba, Sr ermittelt.

Die Ergebnisse wurden in Abb. 2 dargestellt. Mangan ist in der groben Fraktion, wohl als Überzug auf Sandkörnchen (McLAUGHLIN 1959), angereichert (100—8000 g/t). Hohe Gehalte liegen auch in den Teilen des Profils, wo Karbonate auftreten und Mangan diadoch für Calcium stehen kann.

Vanadium ist in der feinen Kornklasse mehr als in der groben enthalten (100 g/t), also wohl an Tonminerale gebunden. Deutlich ist die Zunahme im Sapropelbereich des dunkelgraubraunen Tons (b) zu erkennen.

Der Titangehalt hat nur in den Dolomitzonen Minima und liegt sonst sehr gleichmäßig bei 2000 bis 3000 g/t. Der Gehalt kann in Ilmenit, Rutil und adsorptiv an Tone gebunden sein.

Zirkonium lag nur im sandigen Teil des grünlichgelbbraunen sandigen Tons (d) mit 100 g/t im Nachweisbereich vor und stammt vom mikroskopisch nachgewiesenen Zirkon.

Die Nickelgehalte liegen unter 100 g/t. Ein Minimum liegt in der dunkelgraubraunen Tonlage (b), also steht Nickel damit im Gegensatz zum Vanadium. Der Dolomit enthält keine nachweisbaren Nickelmengen. In der feinen Kornklasse ist Nickel gegenüber der groben stärker enthalten, es scheint daher adsorptiv an Tone gebunden zu sein.

Die Kupfergehalte schwanken von 30—3000 g/t. Anreicherungen liegen in der feinen Kornklasse, vor allem in der dünnen Tonlage (b) und in den Dolomiten. Man kann daher einen Sulfid-Einbau in den Karbonaten und Sulfid-Ausfällung in der bituminösen Tonlage annehmen.

Die Bleianteile liegen größtenteils unter der Nachweisgrenze von 100 g/t. Ein maximaler Gehalt liegt in der groben Klasse der dunklen Tonlage (b) mit 400 g/t, wohl sulfidisch gebunden, vor.

Gallium zeigt eine deutliche Parallelität mit dem Tonanteil, also dem Aluminiumgehalt der Proben. Die Feinfraktion hat einen gleichbleibenden Gehalt von 30 g/t.

Barium wird an die Tonkomponenten gebunden sein, denn die großen Gehalte liegen in der feinen Fraktion (50—5000 g/t).

Strontium hat in den Dolomitzonen die Maxima in der groben Kornklasse. Bei geringen Karbonatgehalten geht Sr ebenso wie Ba adsorptiv mit den Tonen (10—900 g/t).

Entsprechend den obigen Angaben kann man das Profil gliedern:

g, h) hangende sandig-tonige Schichten: Ba, Sr-Minimum,
f) Dolomitbänkchen: erhöhter Gehalt an Sr, Verarmung an V, Ti, Ni, Ga,
d, (e) tonig-sandige Schichten: erhöhte Zr-, Ti-Gehalte, Minima an Mn, V, Ni, Cu, Ba, Sr, Ga,
c) sandig-tonige Schichten: Ba, Sr minimal,
b) dunkle Tonlage: erhöhte V-, Cu-, Pb-, Ba-Gehalte, verringerter Ni-Gehalt,
a) liegender Plattendolomit: minimaler Ti-Gehalt Sr-, und Mn-Gehalt erhöht.

Mineral	Illit	Kaolinit	Dolomit	Calcit	Feldspat	Muskovit
Netzebenenabstand	10 Å	7 Å	2,85 Å	3,06 Å	3,23 Å	2 Å
Probe Nr.						
47	stst	m	m	ss	st	s
46	st	m	ss	m	s	s
45	ss	–	s	stst	ss	ss
44	s	m	ss	ss	s	ss
43	stst	m	–	s	m	st
42	stst	m	ss	s	ss	s
41	m	s	st	st	s	m
40	st	m	st	ss	m	m
39	st	s	stst	ss	s	m

Die Abkürzungen bedeuten dabei: ss = sehr schwache, s = schwache, m = mittelschwache, st = starke und stst = sehr starke Reflexe.

8. Röntgenanalytische Bestimmung

Für die Auswertung der Diagramme wurden die einzelnen Mineralinterferenzen von Illit, Kaolinit, Dolomit, Calcit, Feldspat und Muskovit ausgemessen. Die Präparatherstellung und die Aufnahmebedingungen blieben über das ganze Profil gleich. Die folgende Tabelle soll nur die relativen Veränderungen der einzelnen Minerale untereinander in den jeweiligen Profilstufen zeigen.

In Abb. 2 sind neben den Gehalten der Spurenelemente die Reflexstärken von Illit und Kaolinit verglichen.

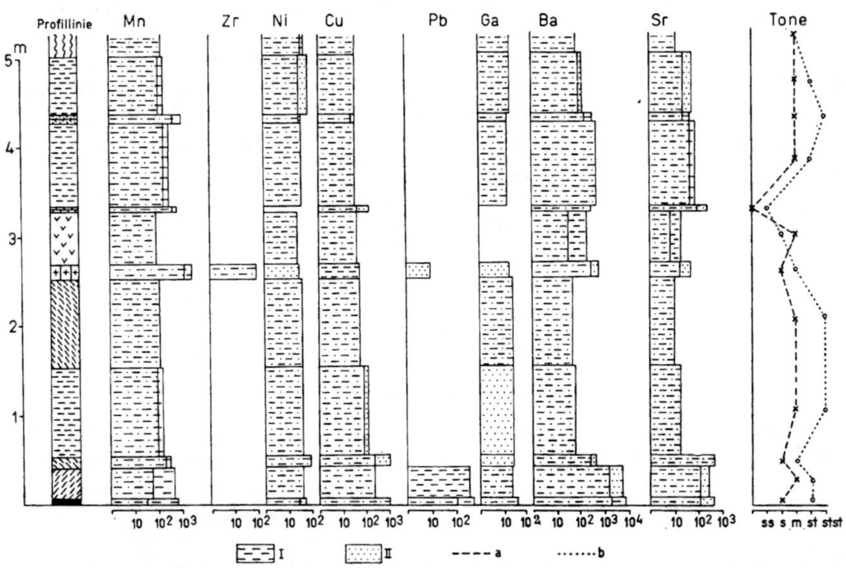

Abb. 2. Spurenelementgehalt und Kaolinit: Illit-Verhältnis im Übergangssediment (zwischen Plattendolomit und Oberem Letten) des Dolomitbruchs Caaschwitz (Gehalte g/t)

Die Legende der Profillinie s. Abb. 1
I – Gehalte der Kornklasse über 60 μm; II – Gehalte der Kornklasse unter 60 μm;
a – Intensität der Kaolinitreflexe; b – Intensität der Illitreflexe
Als Reflexstärken wurden folgende Stufen eingeteilt: ss – sehr schwach; s – schwach; m – mittelschwach; st – stark; stst – sehr stark.

9. Auswertung und Schlußfolgerung

Nach neueren Forschungen an rezenten Tonen (ZSCHUS 1958 und McLAUGHLIN 1959) bildet sich Illit im marinen Milieu, während Kaolinit vorwiegend terrestrischen Ursprungs ist. In fossilen Tonablagerungen wandeln sich die Tonminerale durch Diagenese in Illit um. In Caaschwitz ist jedoch nach Meinung des Verf.

die Diagenese für große, zusätzliche sekundäre Illitmengen zu gering. Durch die Ergebnisse dieser Arbeit kommt man nach dem bei TISCHENDORF, KRAFT & OESTREICH (1962) angegebenen Diagramm der Tonbildungsbereiche je nach dem Illit:Kaolinit-Verhältnis zu einem marinen, küstennahen Bereich der Ablagerungen. Geringe Schwankungen lassen eine wiederholte Verlagerung der Küstenlinie in dem Gebiet annehmen.

Ein ähnliches Bild zeigt die Auswertung der sedimentpetrographischen Ergebnisse. Nach KRÜGER (1958) handelt es sich bei den Oberen Letten nach der subsalinaren Abscheidung des Plattendolomits um eine küstennahe klastische Schüttung. Nach dem Plattendolomit folgte eine kurze Verlandung, die die sandige Verwitterungskruste des Dolomits bedingte. Bei der folgenden Überflutung wurde das dünne Tonhäutchen (b) in einem Sapropelbereich abgesetzt. Die folgenden sandig-tonigen Schichten werden vom Verf. noch als Aufarbeitungsprodukte des liegenden Dolomits angesehen; denn der relativ hohe Spurenmetallgehalt deutet auf eine solche Anreicherung hin. Die Korngrößenverteilung entspricht der von RANKAMA & SAHAMA (1950) für Deltafazies angegebenen. Allerdings steigt die maximale Korngröße nie über 0,5 mm an, es kommen auch keine Gesteinsbruchstücke, sondern nur monomineralische Körnchen vor. Daher ist ein lagunärer Bereich anzunehmen. Bis unter das Dolomitbänkchen wächst der Materialanteil größer als 60 μm und erreicht 80%. Das bedeutet eine Küstenannäherung. Mit der Ablagerung des Dolomitbänkchens war wieder die geringste Küstenentfernung erreicht, wobei aus dem hochsalinaren, warmen Wasser der Dolomit ausfiel. Die auflagernden Sedimente zeigen wieder eine leichte Vermehrung der groben Kornklasse nach oben hin. Wahrscheinlich führten wieder einige Strömungen gröberes Material zu. Damit begann die Trockenlegung des Meeres, die sich im Buntsandstein fortsetzt.

Gleiche Bildungsbedingungen gelten für die anderen ,,Dolomitsand"-Vorkommen im Raum Wünschendorf, Gera-Langenberg und Pohlitz. Auch sie sind klastische Sedimente, die durch Aufarbeitung des liegenden ,,Runkel"-Horizonts entstanden und anomal hohe Elementkonzentrationen aufweisen (a). In diesen Vorkommen ist der ,,Dolomitsand" z. T. nur bis 60 cm mächtig, erreicht aber in Schlotten und Karren auch Mächtigkeiten über 1 m.[2])

[2]) Ich danke Herrn Prof. RÖSLER für die Themenstellung, Genehmigung zur Veröffentlichung und Durchsicht, desgleichen Herrn Dipl.-Min. P. KRÜGER. Mein Dank gilt auch dem Röntgenlabor, dem Labor für Spektralanalyse und dem Schleiflabor des Mineralogischen Instituts der Bergakademie Freiberg. Dem Betriebsleiter im Dolomitbruch Caaschwitz, Herrn VIEWEGER, bin ich wegen der Zuvorkommenheit bei der Probenahme gleichermaßen zu Dank verpflichtet.

Zusammenfassung

Im ,,Dolomitsand" des Aufschlusses Caaschwitz sind vom Verf. sedimentpetrographische und geochemische Untersuchungen ausgeführt worden, die eine klar gegliederte Elementverteilung ergaben. An Hand dieser Erkenntnisse konnten Rückschlüsse auf die Genese dieser Schichten gezogen werden.

Summary

Sedimentary-petrographical and geochemical studies carried out by the author in the ,,dolomitic sand" of the exposure of Caaschwitz resulted in a clearly arranged distribution of elements. They also led to conclusions concerning the genesis of these beds.

Резюме

В ,,доломитовом песке" карьера Каашвиц автором проведены осадочно-петрографические и геохимические исследования, выявившие ясно расчлененное распределение элементов. На основании этих познаний можно было сделать заключение о происхождении данных слоев.

Literatur

KRÜGER, P: Geochemische Untersuchungen an Sedimenten des Oberen Zechsteins im Geraer Becken. — Unveröff. Diplomarb., Mineralog. Inst. Bergakademie Freiberg, 1958.
MCLAUGHLIN, R. J. W.: Geochemical partition in two illitic clays. — Geochim. cosmochim. Acta, 15, S. 165—169, London 1959.
OEHME, W. D.: Der Plattendolomit im Raume des Geraer Vorsprungs. — Unveröff. Diplomarb., Geol. Inst. Bergakademie Freiberg, 1959.
OSSENKOPF, P.: Mineralogische und geochemische Untersuchung des sogenannten „Dolomitsandes" im Aufschluß Caaschwitz. — Unveröff. Meldearb., Min. Inst. Bergakademie Freiberg, 1963. 35 Seiten, 26 Lit., 25 Abb., 7 Tab.
RANKAMA & SAHAMA: Geochemistry. — S. 196—291, Chikago 1950.
TISCHENDORF, G., M. KRAFT & W. OESTREICH: Zur geochemischen Bearbeitung von Kartierungs- und Suchbohrungen. — WTI des ZGI, 3 (Sonderh. 7), S. 22—35, Berlin 1962.
ZSCHUS, U. D.: Anfärbeergebnisse bei der elektronenoptischen Untersuchung tonhaltiger Minerale. — (Russ. refer.) Doklady AN 58, Nr. 8, S. 1709.

Auftreten von Sellait im Hauptdolomit des Zechsteins von Thüringen[1])

G. PENSOLD, F. THEILIG & P. THOMASER, Gommern

In letzter Zeit konnte von uns Sellait im Hauptdolomit mehrerer Kernbohrungen West- und Nordwestthüringens festgestellt werden. Wegen der relativen Seltenheit dieses Minerals sollen diese Vorkommen im folgenden beschrieben werden.

Die ersten Beobachtungen über das Auftreten von Sellait im Hauptdolomit Thüringens stammen von HEIDORN (1932). Er stellte das Mineral in einer Kernprobe von Bleicherode fest.

Die Sellaitführung erstreckt sich nach HEIDORN auf eine ca. 2 cm breite Zone, die entlang vermutlich schichtparallelen, mit dünnen Bitumenbestegen gefüllten Ablösungsflächen des Dolomits verläuft. Neben den hier auftretenden, im wesentlichen aus Sellait bestehenden und u. d. M. dunkleren, lagergangartigen Bändern ist die dolomitische Grundmasse in der Nähe der Lagergängchen durchschwärmt von zahlreichen Einzelkristallen des Sellaits bis maximal 0,12 mm Größe. Die Lagergängchen senden mit Anhydrit und Sellait besetzte, z. T. feinste Apophysen aus oder laufen in einen

[1]) Eingang des Manuskripts in der Redaktion: 5. 7. 1963.

bitumenbesetzten Haarriß aus, der nur noch einzelne Sellaitkörner in größeren Abständen enthält. Als Flächen treten an den ± isometrischen Kristallen die Formen {100}, {110} und {101} auf. Neben weiteren kristallographischen Angaben verweist HEIDORN auf die anderen bis dahin bekannten Sellaitvorkommen und zitiert die entsprechende Literatur. Das Vorkommen am Gebroulazgletscher (Savoyen) zeichnet sich durch ähnliche Paragenese und gleichen Habitus des Sellaits gegenüber dem von Bleicherode aus. Mit Sicherheit ist das Mineral weiterhin vom Monte Somma (Vesuv) und von Carrara bekannt. Neben unterschiedlicher Paragenese ist bei diesen Vorkommen der gestreckte, säulige Habitus der Kristalle bemerkenswert.

Die von uns beobachteten Sellaitvorkommen befinden sich auf den Strukturen Hainich (Eigenrieden), Keula und Gebra—Lohra.

In Eigenrieden ist die Ausbildung des Sellaits ± analog zu der von HEIDORN beobachteten. Das Mineral tritt hier in oolithischen Gesteinen des Hauptdolomits auf. Ooide und Grundmasse bestehen aus Dolomit mit eingesprengtem Anhydrit. Das Gestein wird mehrfach von bitumenführenden Haarrissen durchzogen, die jedoch in der Regel mit der Schichtung einen erheblichen Winkel bilden. Auf diesen unregelmäßig verlaufenden Mikroklüften erscheinen die Sellaitkristalle neben Anhydrit wie Perlen auf einer Kette aufgereiht. Sie sind klar durchsichtig und werden etwa in ihrer Mitte von einem dem Haarriß entsprechenden „Bitumenfaden" durchzogen (Abb. 1). Die Mächtigkeit des braunschwarzen Bitumens beträgt nicht mehr als 0,01—0,02 mm, während die Sellaitkristalle einige Zehntel mm bis maximal 0,8 mm erreichen. Die Kristalle sind isometrisch und in ähnlicher Häufigkeit wie bei HEIDORN (10—15%) verzwillingt. Die auftretenden Flächen konnten an Kristallen, die durch Auflösen des Gesteins in Salzsäure isoliert wurden, als {100}, {110} und {101} identifiziert werden, wobei die Form {110} etwas zurücktritt. Weitere Flächen konnten nicht mit Sicherheit festgestellt werden. In vielen Fällen ist der Sellait nicht allseitig von gut ausgebildeten Kristallflächen begrenzt.

Mehrfach sind die Sellaitkristalle auch in der Umgebung der beschriebenen Mikroklüfte wahllos im Gestein eingesprengt (Abb. 2).

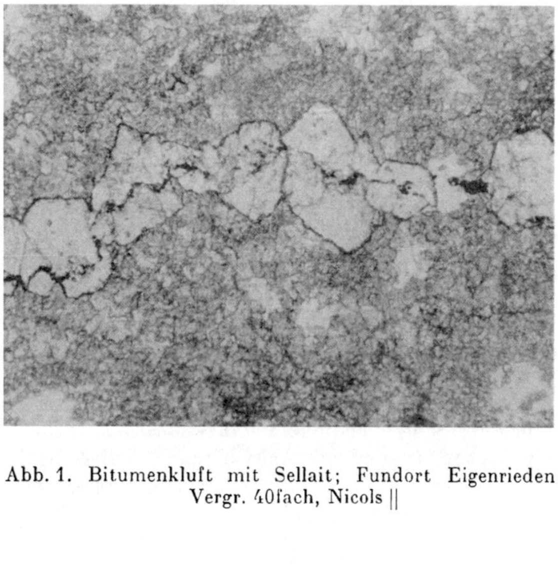

Abb. 1. Bitumenkluft mit Sellait; Fundort Eigenrieden; Vergr. 40fach, Nicols ||

Abb. 2. Sellaitkristalle (Zwilling nach {101}); Fundort Eigenrieden; Vergr. 50fach, Nicols +

In Keula ist die Ausbildung des Sellaits eine wesentlich andere. Im Dünnschliff erkennt man im dichten Dolomit dunklere Partien, die diagonal und parallel zur Schichtung verlaufen und Mikroklüften bzw. Lagergängchen entsprechen dürften. Ihre Breite beträgt bis zu 1 mm, und die dunklere Färbung ist durch die abweichende Lichtbrechung des in diesen Zonen massenhaft regellos eingestreuten Sellaits bedingt. Die Kristalle zeichnen sich durch einen stengligen Habitus aus. Sie sind farblos und werden durch Prisma und Pyramide begrenzt. Nur bei größeren Individuen läßt sich eine prismatische Spaltbarkeit erkennen. Die Länge der Kristalle variiert zwischen 0,02 und 0,30 mm, die Breite von 0,003 bis 0,03 mm. Häufig treten knieförmige Zwillinge auf, wie sie für Minerale vom Rutiltyp charakteristisch sind.

Sellait in der beschriebenen Kristallausbildung findet sich oft auch in wesentlich geringerer Häufigkeit ohne Bindung an bestimmte Bereiche im Dolomit eingesprengt.

Sehr viel seltener findet man in Keula Sellaitkristalle bzw. -körner in ähnlicher Form wie in Eigenrieden. In einem Falle konnte beobachtet werden, daß xenomorpher Sellait neben Anhydrit eine 0,10—0,15 mm breite Kluft im Dolomit ausfüllt. Die sellaitführenden Proben sind wie auch bei den anderen beiden Vorkommen fast stets völlig frei von Fluorit, der ja sonst im Hauptdolomit verhältnismäßig häufig ist. Nur sehr selten findet man in flußspatführenden Proben Relikte von Sellait im Fluorit.

Das Bleicherode unmittelbar benachbarte Gebiet von Gebra—Lohra zeigt den Sellait in den von uns untersuchten Bohrungen in anscheinend regelloser Verteilung im dichten Dolomit eingesprengt. Wie bei Keula handelt es sich um gut ausgebildete Kristalle, jedoch von kurzsäuligem Habitus und geringerer Größe (0,005—0,04 mm, maximal 0,1 mm). Die knieförmigen Zwillinge (vermutlich nach {101}) treten hier ebenfalls auf, daneben Parallelverwachsungen nach einem Prisma.

Zur Diagnose des Sellaits wurden von uns neben den im Dünnschliff feststellbaren Daten die Lichtbrechung (in einem Gemisch aus Azeton und Chloroform), die DEBYE-SCHERRER-Aufnahme und die Spektralanalyse des durch Auflösen des Gesteins in Salzsäure und anschließendes Auslesen unter dem Binokular isolierten Minerals herangezogen.

Eine Deutung des Auftretens von Sellait in einer recht beschränkten Anzahl von Bohrungen gegenüber nur flußspatführenden, eng benachbarten Bohrungen ist uns z. Z. nicht möglich, wie ja auch HEIDORN zu der Feststellung gelangt, daß sich die Seltenheit des Sellaits im Vergleich mit Flußspat nicht ohne weiteres erklären läßt.

In den sehr seltenen Fällen, wo beide Mineralien zusammen auftreten, wird Sellait deutlich durch Fluorit verdrängt, doch ist nicht anzunehmen, daß der gesamte im Hauptdolomit auftretende Flußspat durch Ca-Zufuhr aus Sellait hervorgegangen sein sollte. Eher handelt es sich um lokale Verdrängungserscheinungen, die an anderen Stellen auch gegenläufig sein könnten.

Zusammenfassung

In Kernproben aus dem Hauptdolomit West- und Nordwestthüringens wurde akzessorisch Sellait festgestellt. Art des Auftretens und Ausbildung des Sellaits werden beschrieben.

Резюме

В образцах керна из главного доломита западной и северозападной Тюрингии установлен акцессорный селлаит. Описываются условие нахождения и формы развития селлаита.

Summary

Accessory occurrences of sellaite determined in core samples of the main dolomite of West and Northwest Thuringia are described with reference to the manner of appearance and texture of the sellaite.

Literatur

HEIDORN, F.: Cbl. Min. Geol. Pal. (1932), Abt. A, S. 356ff. (mit zahlreichen weiteren Literaturangaben).

Erfassung des Petrifizierungsgrades sekundär verkieselter Braunkohlen auf mathematisch-statistischer Grundlage[1)]

HANS BANDEMER, Freiberg (Sa.)

(Vortrag zum Berg- und Hüttenmännischen Tag, Freiberg/Sa. 1963)

Wie aus der Entwicklung der letzten Jahre hervorgeht, gewinnen auch in den Geowissenschaften mathematische Methoden immer mehr an Bedeutung. Als eine der anwendungsfreundlichsten Disziplinen der Mathematik hat sich dabei die mathematische Statistik erwiesen, die daher auch seit einiger Zeit von den Geowissenschaftlern in zunehmendem Maße zur Behandlung ihrer Probleme benutzt wird. Bei den bisherigen Fällen handelt es sich fast ausschließlich um Probleme der Auswertung von Meßergebnissen. Im folgenden soll an einem Beispiel gezeigt werden, wie man mit Methoden der mathematischen Statistik vorgehen kann, wenn nur festgestellt werden soll, ob ein gewisser Zustand besteht oder nicht.

In den Braunkohlentagebauen treten als Flözeinlagerungen häufig Baumstubben auf, die ganz oder teilweise petrifiziert sind. Diese Reste tertiärer Urwaldriesen können mehrere Meter Umfang haben und den Abbau wesentlich erschweren. Treten sie häufig auf, so können die notwendigen Sprengungen und die damit verbundenen Stillstandszeiten im Tagebau eine merkliche Erhöhung der Abbaukosten mit sich bringen. Im Interesse der Planung soll versucht werden, diese Häufigkeit durch einen zahlenmäßigen Ausdruck zu erfassen. Zu diesem Zweck denken wir uns das Flöz aus durchsichtigem Material, in das die petrifizierten Teile der Baumstubben undurchsichtig gefärbt eingelagert sind. Betrachten wir dann das Flöz von oben, so läßt sich der undurchsichtige Flächenteil feststellen und zur Gesamtfläche F ins Verhältnis setzen. Den Quotienten

$$p = \frac{f}{F} \tag{1}$$

nennen wir den P e t r i f i z i e r u n g s g r a d; er gibt uns ein Maß für die Häufigkeit des petrifizierten Xylits im betrachteten Flöz.

Bei diesen Überlegungen haben wir der Einfachheit halber von der Mächtigkeit des Flözes abgesehen sowie auch davon, daß petrifizierte Stubbenteile teilweise oder vollständig untereinander liegen. Man kann dem Rechnung tragen, wenn man das Flöz in Tiefenzonen einteilt und den Petrifizierungsgrad für die einzelnen Zonen definiert.

Im folgenden wollen wir an der einfacheren Modellvorstellung festhalten, daß also das Flöz als ebene Fläche angesehen wird, in die die petrifizierten Stubben in der Größe ihrer Projektion an den Stellen ihres Auftretens eingelagert sind. Dabei sollen also Überschneidungen der Projektionen nicht vorkommen.

Der oben definierte Petrifizierungsgrad läßt sich theoretisch natürlich für jedes Teilgebiet des Flözes oder des Tagebaus angeben. Von Interesse für die Planung ist seine Angabe aber nur für den noch nicht abgebauten Teil des Flözes. Unsere Kenntnis über diesen Teil beruht aber im wesentlichen auf den Erkundungsbohrungen. Diese Bohrungen sollen daraufhin untersucht werden, ob sich in ihnen petrifizierter Xylit findet oder nicht; im ersteren Fall wollen wir die Bohrung positiv, im letzteren Falle dagegen negativ nennen.

Für das mathematische Modell wird eine Bohrung als punktförmig betrachtet. Diese Idealisierung ist erlaubt, da die betrachteten Tagebauflächen groß sind gegenüber der Bohrlochfläche. Bedeutungsvoller für die mathematische Behandlung ist die Annahme, daß die Bohrungen in bezug auf die Lage des petrifizierten Xylits zufällig sind. Dies kann man aber wegen der erfahrungsgemäß regellosen Lage der versteinerten Baumstubben im abgebauten Teil der Tagebaue ebenfalls akzeptieren.

Da der Petrifizierungsgrad vom betrachteten Gebiet abhängt, legen wir unseren weiteren Untersuchungen ein bestimmtes Gebiet zugrunde. Es soll sich dabei um

1) Eingang des Manuskripts in der Redaktion: 16. 10. 1963

einen noch nicht abgebauten Teil eines Tagebaus handeln, in dem der Petrifizierungsgrad einen festen Wert p hat, der uns aber unbekannt ist.

Die Wahrscheinlichkeit, daß eine zufällige Bohrung in diesem Gebiet positiv wird, ist offensichtlich gleich p, die Wahrscheinlichkeit für eine negative Bohrung ist dementsprechend $(1-p)$. Daraus folgt aber, daß die Wahrscheinlichkeit $S(r, n)$, bei n unabhängigen zufälligen Bohrungen genau r positive Bohrungen zu erhalten, die Form hat:

$$S(r, n) = \binom{n}{r} p^r (1-p)^{n-r} \qquad (r = 0, 1, \ldots, n) \quad (2)$$

Es ist nämlich p^r die Wahrscheinlichkeit der r positiven, $(1-p)^{n-r}$ die Wahrscheinlichkeit der $(n-r)$ verbleibenden negativen Bohrungen. Der Binomialkoeffizient stellt die Anzahl der verschiedenen Anordnungen der r positiven unter allen Bohrungen dar. Man bezeichnet die n Bohrungen als Stichprobe, ihre Anzahl n als ihren Umfang und den Ausdruck $S(r, n)$ als Binomialverteilung.

Das uns interessierende Problem ist nun, daß die Anzahl n der Bohrungen und die Zahl r der positiven Bohrungen gegeben sind und daß nach dem Petrifizierungsgrad p gefragt ist. Welche Aussagen lassen sich über die Größe p auf Grund der Angabe von n und r machen?

Von dem Quotienten der beiden Anzahlen

$$p^* = \frac{r}{n} \quad (3)$$

vermuten wir, daß er groß ist, wenn auch p groß ist, und klein, wenn auch p klein ist, und daß er, zumindest für sehr große n, in der Nähe des gesuchten Petrifizierungsgrades p liegt. In der mathematischen Theorie (M. FISZ 1962) wird gezeigt, daß p^* (r, n) sogar eine wirksamste Schätzfunktion für p ist, d. h., daß die Streuung der Schätzwerte p^* um den wirklichen Wert p gegenüber anderen Schätzfunktionen mit dem gleichen Mittelwert p am kleinsten ist. Über die Größe der Abweichung des beobachteten Wertes p^* vom Wert p ist damit noch nichts gesagt. Für die Praxis ist es jedoch wichtig, zu wissen, wie nahe der Wert p^* beim wirklichen liegt. Die Angabe eines nicht trivialen Intervalls, in dem bei gegebenem p^* mit absoluter Sicherheit der gesuchte Wert p liegt, ist bei einer wahrscheinlichkeitstheoretischen Behandlung nicht zu erwarten. Man muß sich also eine Zahl β zwischen 0 und 1 als Vertrauenswahrscheinlichkeit wählen, dann besteht die Möglichkeit, ein Intervall $[p_0, p_1]$ anzugeben, das den wirklichen Wert p mit der vorgegebenen statistischen Sicherheit β überdeckt. Wenn man beim Vorliegen der Zahlen r, n, p^* in einer großen Anzahl N von Fällen annimmt, daß p zwischen p_0 und p_1 liegt, wird man sich in $(1-\beta)$ N Fällen geirrt haben. Daher hängt die Festlegung der statistischen Sicherheit davon ab, welche Folgen ein Irrtum über die Lage von p in der Praxis haben wird.

Bei der Berechnung des Vertrauensintervalls werden wir zuerst den Fall, daß die Stichprobe einen großen Umfang n hat, gesondert betrachten. In diesem Fall können wir nämlich asymptotische Formeln benutzen, deren numerische Abweichung von den exakten Beziehungen, mit denen wir bei Stichproben kleinen Umfangs rechnen werden, kleiner ist als der Fehler, den wir durch Runden der Ergebnisse machen. Wann der Umfang einer Stichprobe als groß angesehen werden kann, hängt also von der geforderten Genauigkeit ab.

Die Schätzfunktion p^* hat nämlich (vgl. M. FISZ 1962) eine asymptotische Normalverteilung mit dem Mittelwert p und der Streuung $\sqrt{\frac{p(1-p)}{n}}$. Die transformierte Schätzfunktion

$$\hat{p} = \frac{p^* - p}{\sqrt{\frac{p(1-p)}{n}}} \quad (4)$$

hat somit eine Normalverteilung mit dem Mittelwert 0 und der Streuung 1. Die Wahrscheinlichkeit β, daß $\hat{p}$ zwischen den gegebenen Werten $-A$ und A liegt, wir schreiben dafür $P(-A \leqq \hat{p} \leqq A)$, ergibt sich daher aus dem Fehlerintegral

$$P(-A \leqq \hat{p} \leqq A) = \frac{1}{\sqrt{2\pi}} \int_{-A}^{A} e^{-\frac{x^2}{2}} dx = \beta. \quad (5)$$

Das Fehlerintegral ist tabelliert (z. B. in A. LINDER 1960), und man kann dort zu einem gegebenen A den Wahrscheinlichkeitswert β ablesen. Umgekehrt läßt sich natürlich auch zu einer vorgegebenen Vertrauenswahrscheinlichkeit β die zugehörige Zahl A bestimmen, die das Vertrauensintervall

$$-A \leqq \hat{p} \leqq A \quad (6)$$

für $\hat{p}$ zur statistischen Sicherheit β angibt. Setzen wir in die Ungleichung (6) den Ausdruck (5) für $\hat{p}$ ein, so erhalten wir

$$-A \leqq \frac{p^* - p}{\sqrt{\frac{p(1-p)}{n}}} \leqq A. \quad (7)$$

Durch Umstellung der Ungleichung (7) wollen wir aus dem Vertrauensintervall für $\hat{p}$ ein Vertrauensintervall für p erzeugen. Aus (7) folgt

$$-A\sqrt{\frac{p(1-p)}{n}} \leqq p^* - p \leqq A\sqrt{\frac{p(1-p)}{n}}$$

und weiter

$$(p^* - p)^2 \leqq A^2 \frac{p(1-p)}{n}.$$

Durch Ausmultiplizieren erhalten wir

$$p^2 - p\,\frac{2p^* + \frac{A^2}{n}}{1 + \frac{A^2}{n}} + \frac{p^{*2}}{1 + \frac{A^2}{n}} \leqq 0.$$

Dieser in p quadratische Ausdruck ist aber, wie durch die Ungleichung gefordert, negativ zwischen den beiden Wurzeln

$$\bar{p}_{1,2} = \frac{n}{n + A^2}\left(p^* + \frac{A^2}{2n} \pm A\sqrt{\frac{p^*(1-p^*)}{n} + \left(\frac{A}{2n}\right)^2}\right)$$

der quadratischen Gleichung. Das Vertrauensintervall für p zur statistischen Sicherheit β und bei gegebenem Schätzwert p^* lautet also

$$\frac{n}{n+A^2}\left(p^*+\frac{A^2}{2n}-A\sqrt{\frac{p^*(1-p^*)}{n}+\left(\frac{A}{2n}\right)^2}\right) \quad (8)$$

$$\leqq p \leqq \frac{n}{n+A^2}\left(p^*+\frac{A^2}{2n}+A\sqrt{\frac{p^*(1-p^*)}{n}+\left(\frac{A}{2n}\right)^2}\right).$$

Wenn die Stichprobe nur einen kleinen Umfang n hat, kann man die asymptotische Normalverteilung der Schätzfunktion p^* nicht benutzen, sondern muß von der Binomialverteilung S (r, n) der Stichprobe ausgehen. Für jeden Petrifizierungsgrad p und jedes n erhalten wir daraus die Wahrscheinlichkeiten S (r, n), daß von den n Bohrungen genau r positiv sind. Tragen wir diese Wahrscheinlichkeiten über r auf, so ergibt sich eine Funktion, wie sie in Abb. 1 z. B. für $n = 16$, $p = 0{,}2$ dargestellt ist. Die Wahrscheinlichkeit γ, daß r zwischen den ganzen Zahlen r_0 und r_1 liegt, wir schreiben analog dem vorigen Fall dafür $P(r_0 \leqq r \leqq r_1)$, ergibt sich als Summe der zwischen den Zahlen r_0 und r_1 liegenden Wahrscheinlichkeitshöhen

$$P(r_0 \leqq r \leqq r_1) = \sum_{r=r_0}^{r_1}\binom{n}{r} p^r (1-p)^{n-r} = \gamma \quad (9)$$

Da diese Summenabschnitte im einzelnen Fall nicht jeden Wert γ zwischen 0 und 1 annehmen, können wir zu einer beliebig vorgegebenen Vertrauenswahrscheinlichkeit β im allgemeinen nur ein solches Vertrauensintervall konstruieren, in dem die statistische Sicherheit gerade größer als β ist (vgl. L. SCHMETTERER 1956). Zur Konstruktion eines Vertrauensintervalls für r bei gegebenem p haben wir also die kleinste ganze Zahl r_1 und die größte ganze Zahl r_0 zu finden, für die

$$\sum_{r=r_0}^{r_1}\binom{n}{r} p^r (1-p)^{n-r} \leqq \beta \quad (10)$$

gilt. Damit ist das Intervall noch nicht eindeutig bestimmt; denn die Wahl der größten Zahl r_1 mit der Eigenschaft (10) hängt davon ab, welche kleinste Zahl r_0 gewählt wurde. Um diese Unbestimmtheit zu beseitigen, wählen wir das Intervall, wie es die mathematische Theorie als zweckmäßig vorschlägt, bezüglich der Wahrscheinlichkeit symmetrisch (vgl. Abb. 1), indem wir zusätzlich fordern:

$$\sum_{r=0}^{r_0-1}\binom{n}{r} p^r (1-p)^{n-r} \leqq \frac{1-\beta}{2} \quad (11)$$

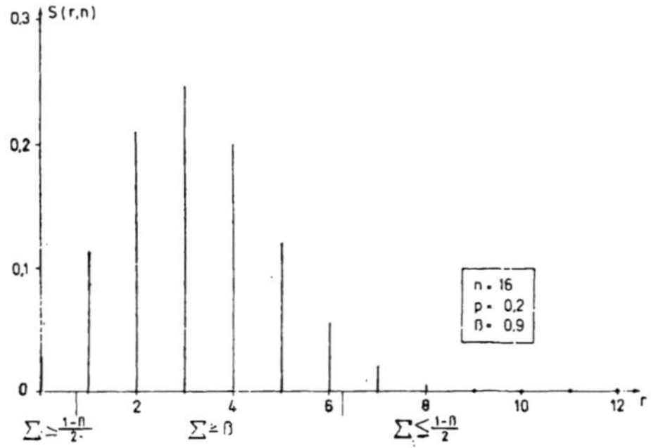

Abb. 1.

und

$$\sum_{r=r_1+1}^{n}\binom{n}{r} p^r (1-p)^{n-r} \leqq \frac{1-\beta}{2}. \quad (12)$$

Trägt man die so erhaltenen Intervalle $[r_0, r_1]$ bei festem n und für jedes p in ein p, r-Koordinatensystem ein, so ergeben sich zwei Treppenfunktionen, wie sie z. B. für $n = 16$, $\beta = 0{,}9$ in Abb. 2 dargestellt sind. Die Zahlen r_0 und r_1 kann man entweder aus den Ungleichungen (11) und (12) bestimmen oder aus der Tafel (Tables of binomial probality distribution) entnehmen, wo diese Summen angegeben sind. Aus Abb. 2 ersieht man jetzt das Vertrauensintervall für p bei gegebenem r, indem man den Abschnitt der Waagerechten durch r zwischen den Treppenkurven auf die p-Achse projiziert. Als Beispiel wurde in Abb. 2 das Vertrauensintervall bei $r = 10$ eingezeichnet.

Die so konstruierten Vertrauensintervalle nach CLOPPER-PEARSON sind für eine Reihe von β-Werten in (D. B. OWEN 1962) angegeben, so daß die hier dem Verständnis dienenden Berechnungen in der Praxis nicht durchgeführt zu werden brauchen.

Das hier skizzierte Vorgehen zur Bestimmung von Vertrauensintervallen im Falle kleiner Stichprobenumfänge ist, wie schon erwähnt, nicht das einzig mögliche. O. BUNKE (1959/1960) hat diesen Problemkreis sehr genau untersucht und andere, kleinere Vertrauensintervalle vorgeschlagen. Auf deren Darstellung und Verwendung haben wir im Vorliegenden verzichtet, da

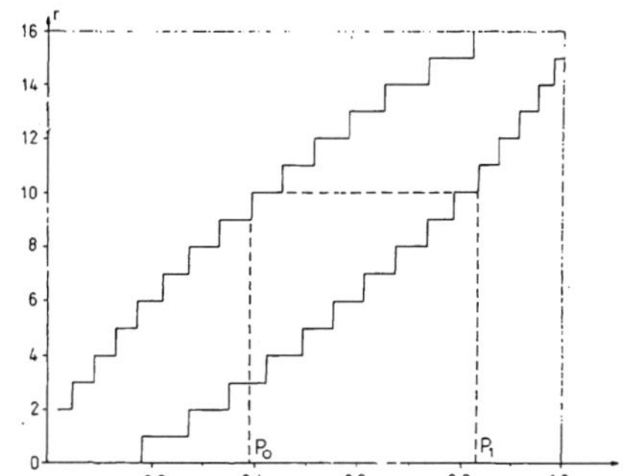

Abb. 2.

zu ihrem Verständnis ein größerer mathematischer Aufwand erforderlich ist. Dies ist kein Hindernis, diese Intervalle nach ihrer Tabellierung für gewünschte β-Werte in der Praxis zu benutzen.

Die Länge des Vertrauensintervalls ist ein Maß für die Genauigkeit, mit der die Lage des wirklichen Wertes p auf Grund des zur Verfügung stehenden Stichprobenumfangs bei der gewählten statistischen Sicherheit angegeben wird. Man kann daher das Vertrauensintervall zur statistischen Sicherheit β auch in der Form

$$\frac{p_0+p_1}{2} \pm \frac{p_1-p_0}{2} \quad (\beta) \quad (13)$$

schreiben. Dabei muß jedoch betont werden, daß dem mittelsten Wert $\frac{p_0+p_1}{2}$, im Gegensatz zu den gewöhnlichen Genauigkeitsangaben, hier nicht die Bedeutung und Funktion eines Mittelwerts zukommt. Dies ist besonders augenfällig, wenn wir die im allgemeinen nicht symmetrische Binomialverteilung im Fall kleiner Stichproben betrachten.

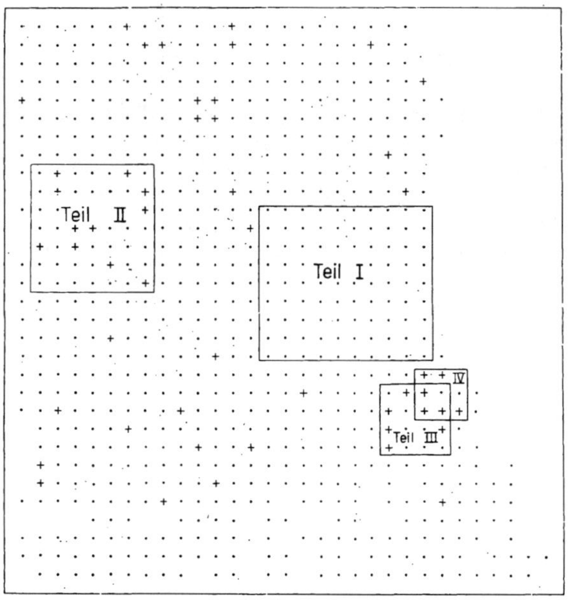

Abb. 3.

Die Genauigkeit hängt bei unserem mathematischen Modell wesentlich vom Umfang n der Stichprobe und der gewählten Vertrauenswahrscheinlichkeit β, nicht aber von der Größe des untersuchten Gebietes ab. Dies liegt daran, daß die Bohrungen punktförmig angenommen wurden und dadurch der Anteil der Bohrlochfläche an der Gesamtfläche vernachlässigt wurde. Sind die zu betrachtenden Gebiete so klein, daß diese Bohrlochfläche eine Rolle spielt, dann hat man sich für ein anderes mathematisches Modell zu entscheiden, das dem Rechnung trägt. In dem praktischen Fall, auf den die Rechenverfahren im folgenden angewendet werden sollen, liegt der Bohrlochabstand zwischen 100 und 200 m, und der Bohrlochdurchmesser beträgt 10 cm.

Die Formeln für die Vertrauensintervalle ermöglichen die Berechnung der Bohrlochzahl n, die bei gewählter statistischer Sicherheit β notwendig ist, um eine geforderte Genauigkeit zu erreichen. Der Rechenaufwand dürfte jedoch die Möglichkeiten eines Tischrechners überschreiten.

Wie bereits erwähnt, kommt es nicht auf die genaue Lage der Bohrlöcher an. Zur Vereinfachung der Darstellung ist es daher erlaubt, die Bohrlöcher als Gitterpunkte in einem rechtwinkeligen Netz aufzufassen. Dabei soll die gegenseitige Lage der Bohrlöcher erhalten bleiben, so daß jedem Teilgebiet des Netzes ein bestimmtes Teilgebiet des Tagebaus entspricht. Das vorliegende Netz (Abb. 3) gibt bis auf unwesentliche Veränderungen die Verhältnisse in einem Tagebau unserer Republik wieder. Von den $n = 765$ Bohrungen im Gesamtgebiet waren $r = 51$ positiv, die Bohrungen sind im Netz durch + kenntlich gemacht, während die anderen Bohrungen durch Punkte angedeutet sind.

Für die Beispielrechnung wird eine Vertrauenswahrscheinlichkeit $\beta = 0{,}9$ gewählt. Diese Wahl dient nur der Einleitung der numerischen Rechnung und ist nicht ökonomisch begründet.

Zuerst sollen Gebiete betrachtet werden, in denen die Bohrlochanzahl die Anwendung der Formel (8) für die asymptotische Normalverteilung erlaubt. Nach (5) bestimmt man also die Zahl A z. B. aus der Tafel in (A. LINDER 1960) zu 1,644854.

Für das Gesamtgebiet mit $n = 765$ und $r = 51$ ist $p^* = {}^{51}/_{765}$. Setzt man diese Zahlen in die Formel (8) ein, so ergibt sich als Vertrauensintervall für den Petrifizierungsgrad p

$$0{,}0536 \leqq p \leqq 0{,}0834$$

oder in anderer Schreibweise

$$p = 0{,}0685 \pm 0{,}0149 \qquad (0{,}9)$$

oder abgerundet in Prozent

$$p = 6{,}9\% \pm 1{,}5\% \qquad (90\%)$$

Nach den vorangehenden Erörterungen heißt das also, die Wahrscheinlichkeit, daß der wirkliche Petrifizierungsgrad p außerhalb des angegebenen Intervalls liegt, beträgt nur 0,1. Wir werden uns daher beim Vorliegen der Zahlen $n = 765$ und $r = 51$ in der Annahme, daß der Petrifizierungsgrad p im Intervall enthalten ist, lediglich in einem Zehntel aller Fälle irren. Für das vorliegende Problem wollen wir vereinbaren, daß diese Irrtumshäufigkeit bereits unerheblich ist und daß unsere Angaben über p damit statistisch gesichert sind.

Für das Teilgebiet I mit $n = 90$ und $r = p^* = 0$ erhält man in gleicher Weise

$$0 \leqq p \leqq 0{,}0345$$

oder

$$p = 0{,}0173 \pm 0{,}0173 \qquad (0{,}9)$$

oder

$$p = 1{,}7\% \pm 1{,}7\% \qquad (90\%)$$

Obwohl also im betrachteten Gebiet nicht eine einzige Bohrung positiv ist, kann der Petrifizierungsgrad dort noch 3,4% erreichen. Da aber der Petrifizierungsgrad im Gesamtgebiet mindestens 5,4% beträgt, muß man ihn dort mindestens doppelt so groß wie im Teilgebiet I annehmen.

Im Teilgebiet II ist mit $n = 49$, $r = 11$ und $p^* = {}^{11}/_{49}$ dagegen

$$0{,}1459 \leqq p \leqq 0{,}3370$$

oder

$$p = 0{,}2415 \pm 0{,}0955 \qquad (0{,}9)$$

oder

$$p = 24{,}2\% \pm 9{,}6\% \qquad (90\%)$$

Tabelle 1

r	p_0	p_1
0	0,00	0,18
1	0,00	0,26
2	0,02	0,35
3	0,05	0,42
4	0,09	0,48
5	0,13	0,55
6	0,18	0,61
7	0,23	0,67
8	0,28	0,72
9	0,33	0,77
10	0,39	0,82
11	0,45	0.87
12	0,52	0,91
13	0,58	0,95
14	0,65	0,98
15	0,74	1,00
16	0,82	1,00

Daraus können wir schließen, daß der Petrifizierungsgrad p im Teilgebiet II mindestens doppelt so groß wie im Gesamtgebiet und mindestens viermal so groß wie im Teilgebiet I ist.

Bei weiter sinkender Anzahl der Bohrungen im Gebiet und bei unserer Rechengenauigkeit macht sich der Fehler der asymptotischen gegenüber der exakten Verteilung bereits bemerkbar. Für $n = 16$ haben wir daher die Betrachtungen für kleine Stichproben verwendet und mit Hilfe der Summen (11) und (12) für

Tabelle 2

r	$\beta = 0{,}9$ p_0	$\beta = 0{,}9$ p_1	$\beta = 0{,}8$ p_0	$\beta = 0{,}8$ p_1
0	0,00	0,28	0,00	0,23
1	0,01	0,43	0,01	0,37
2	0,04	0,55	0,06	0,49
3	0,10	0,66	0,13	0,60
4	0,17	0,75	0,21	0,70
5	0,25	0,83	0,30	0,79
6	0,34	0,90	0,40	0,87
7	0,45	0,96	0,51	0,94
8	0,57	0,99	0,63	0,99
9	0,72	1,00	0,77	1,00

$\beta = 0{,}9$ die Vertrauensintervalle für $r = 0{,}1, \ldots, 16$ berechnet. Die Werte der Summen sind dabei der Tafel 3 (Tables of the binomial probality distribution, s. Literatur) entnommen worden. Die Darstellung im r, p-Koordinatensystem, aus der die Vertrauensintervalle für p abgelesen werden können, findet sich für diesen Fall in Abb. 2, die der allgemeinen Behandlung zur Erläuterung dienen sollte. In der Tab. 1 sind die Ergebnisse zusammengestellt, dabei ist p_0 jeweils die untere und p_1 die obere Grenze des Vertrauensintervalls. Eine Vergleichsrechnung mit der Formel (8) für $n = 16$ liefert Vertrauensintervalle, die um durchschnittlich 0,05 kleiner sind als die in Tab. 1 angegebenen.

Für die noch geringere Bohrlochzahl $n = 9$ ergeben sich die in Tab. 2 angegebenen Vertrauensintervalle. Die Genauigkeit der Angabe von p ist hier bereits für praktische Zwecke unbefriedigend, und auch die Herabsetzung der statistischen Sicherheit auf 0,8 bringt keine wesentliche Besserung. Zum Vergleich sind die Vertrauensintervalle für $\beta = 0{,}8$ in der Tab. 2 mit eingetragen worden. So erhält man z. B. für das Teilgebiet III mit $n = 16$ und $r = 8$

$$0{,}28 \leqq p \leqq 0{,}72$$

oder

$$p = 0{,}50 \pm 0{,}22 \qquad (0{,}9)$$

oder

$$p = 50\% \pm 22\% \qquad (90\%)$$

und damit einen Petrifizierungsgrad, der mindestens dreimal so groß wie im Gesamtgebiet und achtmal so groß wie im Teilgebiet I ist. Für das Teilgebiet IV schließlich ergibt sich mit $n = 9$ und $r = 6$ bei $\beta = 0{,}9$ als Vertrauensintervall

$$0{,}34 \leqq p \leqq 0{,}90$$

oder

$$p = 0{,}62 \pm 0{,}28 \qquad (0{,}9)$$

oder

$$p = 62\% \pm 28\% \qquad (90\%)$$

Man kann also z. B. sagen, daß der Petrifizierungsgrad hier mindestens zehnmal so groß wie im Teilgebiet I ist.

Abschließend wäre zu bemerken, daß bei Angabe des Vertrauensintervalls und der statistischen Sicherheit β eine bei der zur Verfügung stehenden Bohrlochzahl bestmögliche Information über den zu erwartenden Petrifizierungsgrad p gegeben wird. Die wichtige Vorgabe einer Vertrauenswahrscheinlichkeit β hängt, wie schon gesagt, davon ab, welche Folgen ein Irrtum über die Größe des Petrifizierungsgrades haben würde. Sie wird daher von Fall zu Fall verschieden sein und den Fachwissenschaftlern überlassen bleiben müssen. Weiterhin soll erwähnt werden, daß die Angabe der statistischen Sicherheit und der Genauigkeit, nämlich durch das Vertrauensintervall, einen Vorzug des vorliegenden Verfahrens darstellt gegenüber einer einfachen Kartierung der Häufigkeit positiver Bohrungen pro Flächeneinheit, bei der keine Aussage über die Zuverlässigkeit der Angabe über den Petrifizierungsgrad gemacht werden kann.

Stehen über die Angaben hinaus, welche Bohrungen auf petrifizierten Xylit gestoßen sind, weitere Informationen zur Verfügung, so kann man, vom Petrifizierungsgrad ausgehend, weitergehende Untersuchungen anschließen. Hat man z. B. die Wahrscheinlichkeitsverteilung der Größe der petrifizierten Stubbenteile, so ist man durch den Petrifizierungsgrad in die Lage versetzt, zu schätzen, wieviel petrifizierte Stubbenteile pro Flächeneinheit in einem gewissen Gebiet zu erwarten sind. Weiterhin besteht die Möglichkeit, den Einfluß, den der Petrifizierungsgrad auf die Abbaugeschwindigkeit und die Abbaukosten hat, statistisch zu untersuchen, indem man den statistischen Zusammenhang zwischen den Abbaugrößen und dem Petrifizierungsgrad p bestimmt.

Die Anwendungsmöglichkeit der vorliegenden Untersuchung ist nicht auf die Bestimmung des Petrifizierungsgrades beschränkt. Die Überlegungen lassen sich überall da verwenden, wo eine Messung nicht möglich oder mit erheblichem Aufwand verbunden ist und im Prinzip nur festgestellt werden kann, ob ein bestimmter Zustand besteht oder nicht. Der Zweck der hier mitgeteilten Überlegungen ist vollauf erfüllt, wenn sie die Fachwissenschaftler anregen, die gezeigten Methoden auf ähnliche Sachverhalte anzuwenden.

Zusammenfassung

In den Braunkohlentagebauen treten als Flözeinlagerungen Baumstubben auf, die ganz oder teilweise petrifiziert sind und den Abbau erschweren. Um ihre Häufigkeit zahlenmäßig auszudrücken, wird der Tagebau als ebenes Flächenstück aufgefaßt, in das die petrifizierten Stubben als flächige Gebilde eingelagert sind. Ihr Anteil an der Gesamtfläche wird als Petrifizierungsgrad definiert. Es wird mit Hilfe der mathematischen Statistik eine Methode angegeben, die Aussagen über die Größe des Petrifizierungsgrades in einem noch nicht abgebauten Gebiet erlaubt, wenn die Erkundungsbohrungen nur daraufhin untersucht wurden, ob sie auf petrifizierten Xylit gestoßen sind oder nicht.

Резюме

В буроугольных карьерах проявляются в виде включений пластов скопления пней, целиком или частично окаменелых и затрудняющих разработку. С целью численного выражения их плотности, карьер рассматривается как участок ровной плоскости, в котором окаменелые пни включены в виде плоских образований. Доля их к общей поверхности определяется как степень окаменения. При помощи математической статистики дается метод, позволяющий делать высказывания о величине степени окаменения в еще не разработанных районах, если разведочные скважины исследовались лишь на наличие или отсутствие окаменелого ксилита.

Summary

In brown-coal opencast mines stumps, entirely or partially petrified, are found imbedded in seams and complicate mining. In order to express their frequency in numerical terms, the opencast mine is considered as a flat piece of area, in which the petrified stumps are imbedded as areal structures. Their share in the total area is defined as degree of petrification. Mathematical statistics is used to indicate a method permitting to give evidence of the extent of the degree of petrification in an area still unmined, when reconnaissance boreholes are only investigated whether or not they meet with petrified xylite.

Literatur

BUNKE, O.: Neue Konfidenzintervalle für die Parameter der Binomialverteilung. — Wiss. Zeitschr. d. Humboldt-Universität Berlin, math.-naturwiss. R., 9, 335—363 (1959/1960).

FISZ, M.: Wahrscheinlichkeitsrechnung und mathematische Statistik. — VEB Deutscher Verl. Wiss., S. 412, Berlin 1962.

HALD, A.: Statistical Tables and Formulas. — John Wiley & Sons, Inc., New York—London 1960.

LINDER, A.: Statistische Methoden für Naturwissenschaftler, Mediziner und Ingenieure. 3. umgearbeitete und stark erweiterte Auflage. — Birkhäuser-Verlag, Basel und Stuttgart 1960.

OWEN, D. B.: Handbook of Statistical Tables. — Pergamon Press, London—Paris 1962.

SCHMETTERER, L.: Einführung in die mathematische Statistik. — Springer-Verlag, Wien 1956, S. 175.

Tables of the Binomial Probality Distribution. — National Bureau of Standards, Applied Mathematics Series 6, United States Government printing office, Washington 1949.

Produktionsintervalle und maximale Förderung bei Erdgassonden[1)]

Berechnung ihrer optimalen Größe bei Lagerstätten mit Randwasser

MILAN HEMALA, Prag

Die Grundarbeiten bei der Abbauprojektierung von Gaslagerstätten sind die Berechnungen der höchstzulässigen Entnahmemengen aus den einzelnen Sonden unter dem Gesichtspunkt des Lagerstättenschutzes. Diese Berechnungen gründen sich bei Gaslagerstätten mit Randwasser praktisch auf zwei einschränkende Faktoren. Der erste ist durch die höchstzulässige Strömungsgeschwindigkeit an der Bohrlochwandung gegeben, die hauptsächlich von der Reibung im Speichergestein bestimmt wird. Der zweite Faktor wird durch das Randwasser selbst bewirkt, da in ihm die dynamische Depression in der Umgebung der Sonde den sogenannten Wasserkegel bildet.

Die rechnerische Darstellung des ersten der angeführten Faktoren ist einfach. Die Strömungsgeschwindigkeit an der Bohrlochwandung oder an der Wandung der Perforationsdurchschüsse darf einen bestimmten kritischen Wert nicht überschreiten, bei dem es bereits zur Zerstörung des Gesteins kommt. Dieser kritische Wert wird vom Charakter des Speichergesteins, hauptsächlich jedoch von der Reibung im Speichergestein bestimmt, so daß es also erforderlich ist, diesen Wert für jedes Lager durch Versuche bei der Erkundung oder bei der Probeförderung zu bestimmen. Die Förderkapazität einer Sonde Q_{max} ist dann eine Funktion dieser kritischen Strömungsgeschwindigkeit v_{krit}, der Länge des offenen Bohrlochintervalls b, der Größe der eigentlichen Filtrationsfläche je Längeneinheit des offenen Sondenteils F, des Drucks und der Temperatur am Boden der Sonde p_s und T_s.

Wenn wir ferner die Länge des offenen Bohrlochintervalls b als Funktion des sogenannten Aufschlußgrades δ ausdrücken und h die Gesamtmächtigkeit des Lagers am Ort der Sonde ist:

$$b = \delta \cdot h \qquad (1)$$

dann erhalten wir die Grundbeziehung für die Berechnung der höchstzulässigen Förderung aus der Sonde unter dem Gesichtspunkt der Reibung des Speichergesteins

$$Q_{max} = v_{krit} \cdot F \cdot h \cdot p_s \frac{T_o}{T_s \cdot z} \qquad (2)$$

Mit Rücksicht darauf, daß es meist (zumindest bei perforierten Sonden) schwierig ist, die Größe der Filtrationsfläche F genau zu bestimmen, ist es vorteilhafter, schon bei der Erkundung der Sonden den Wert des Produkts

$$q_{krit} = v_{krit} \cdot F \qquad (3)$$

zu bestimmen, was die höchstzulässige Gasentnahme (ausgedrückt unter den am Boden der Sonde herrschenden Bedingungen p_s und T_s) je Meter offener Sonde für einen bestimmten Aufschlußcharakter (Perforation) ist.

Die Gleichung (2) erhält dann die Form

$$Q_{max} = q_{krit} \cdot h \cdot \delta \cdot p_s \frac{T_o}{T_s \cdot z} \qquad (4)$$

Der zweite der genannten Faktoren, die bei Lagerstätten mit Randwasser die zulässige Gasförderung aus einem Bohrloch limitieren, ist die Bildung von Wasserkegeln. Dieser Prozeß ist im wesentlichen eine Funktion der dynamischen Depression in der Umgebung einer Sonde, durch die der ursprüngliche Spiegel des Randwassers örtlich angehoben wird. Diese Depression darf dann bei der Förderung einen Wert nicht überschreiten, bei dem die Spitze des Wasserkegels die Perforation erreicht und es zur Verwässerung der Sonde kommt.

Für die Berechnung der Förderkapazität unter diesem Gesichtspunkt wurden schon mehrere Methoden ausgearbeitet: I. A. TSCHARNIJ (1959) und P. E. CHANEY u. a. (1956). Sie wird nach dieser Methode durch die Gleichung

$$Q_{max} = Q^0_{max} \frac{k\,p\,(\gamma_v - r)\,r_s^2}{1{,}66\,z\,T_1} \qquad (5)$$

ausgedrückt, in der der Wert der Größe Q_{max} aus der aufgestellten graphischen Darstellung als Funktion des

[1)] Aus: Geologický průzkum, 2/1962 (IV), S. 44/45. — Übers.: MÜLLER.

Verhältnisses h/r_s und dem Aufschlußgrad δ abgelesen wird.

Bei einer Analyse dieses Diagramms — und schließlich schon allein durch logische Überlegung — kann man feststellen, daß unter den genannten Bedingungen die Förderkapazität zur Größe des Aufschlusses im Verhältnis einer indirekten Abhängigkeit steht. Der Wert für die zulässige Förderung ist um so größer, je größer der Abstand zwischen dem Fuß der Perforation und dem Spiegel des Randwassers ist bzw. je kleiner die Größe des Aufschlusses der Bohrung $\delta = b/h$ ist. Dagegen geht aus der Gleichung (4) hervor, daß die Abhängigkeit der zulässigen Förderung von der Größe des Aufschlusses bei alleiniger Berücksichtigung der Reibung des Speichergesteins gerade umgekehrt ist. Die zulässige Förderung der Sonde ist unter diesem Gesichtspunkt dem gewählten Wert der Größe des Anfschlusses direkt proportional. Es kann also nachgewiesen werden, daß für jede Sonde ein bestimmter optimaler Wert für die Größe des Aufschlusses existiert, bei dem die Endförderkapazität einer Bohrung das Maximum unter Respektierung der beiden genannten limitierenden Faktoren erreicht.

Die optimale Größe des Aufschlusses und den Endwert des Maximums der zulässigen Förderung kann man mit Hilfe der beiden erwähnten Faktoren durch die graphische Lösung der Gleichungen (4) und (5) bestimmen. Ein Beispiel dieser Lösung zeigt Abb. 1.

Zur Vereinfachung der Berechnung können die beiden Grundgleichungen (4) und (5) algebraisch gelöst werden. Mit Hilfe des erwähnten Diagramms $Q^0_{max} = \left(f \dfrac{h}{r_s}, \delta\right)$ aus M. HEMALA (1959) ist es möglich, ein einfaches Nomogramm zu konstruieren, das die direkte Bestimmung der optimalen Größe des Aufschlusses δ_{opt} ermöglicht. Durch die Lösung der Gleichungen (4) und (5) erhalten wir die Beziehung

$$\frac{\delta_{opt} \cdot h/r_s}{2{,}21 \cdot Q^0_{max}} = \frac{k \cdot \Delta\gamma \cdot r_s}{\mu \cdot q_{krit}} \tag{6}$$

anhand der es mit Hilfe des Diagramms $Q_{max} = f\left(\dfrac{h}{r_s}\ \delta\right)$ möglich ist, die Abhängigkeit

$$\frac{k\,\Delta\gamma r_s}{\mu\, q_{krit}} = f\left(\frac{h}{r_s}, \delta_{opt}\right) \tag{7}$$

zu konstruieren und graphisch darzustellen.

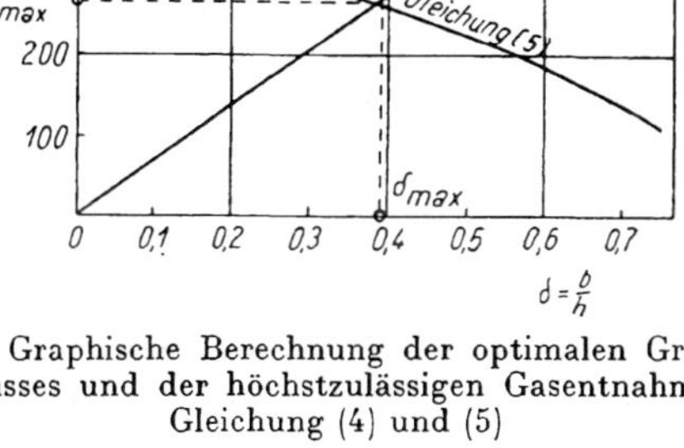

Abb. 1. Graphische Berechnung der optimalen Größe des Aufschlusses und der höchstzulässigen Gasentnahme nach Gleichung (4) und (5)

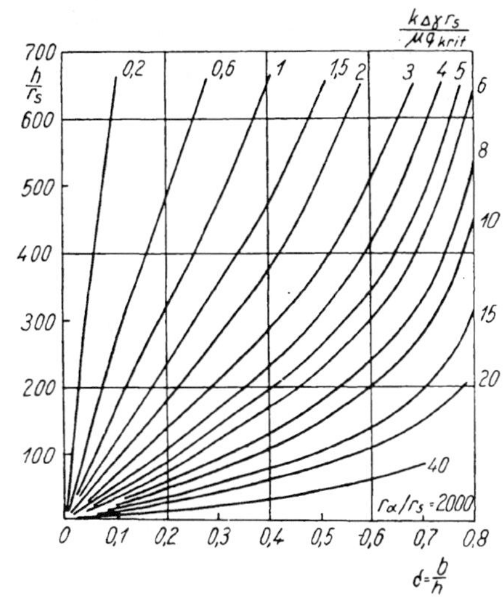

Abb. 2. Diagramm für die Berechnung der optimalen Größe des Aufschlusses einer Gassonde

Dieses Diagramm ist auf Abb. 2 angegeben. Es wurde für den Wert des Halbmessers der Drainage konstruiert, der durch das Verhältnis $r_d/r_s = 2000$ gegeben ist. Bei seiner Ableitung mußte eine vereinfachende Annahme verwendet werden:

$$T_s = T_1, \qquad p_s = p_1 \tag{8}$$

die jedoch das Ergebnis nicht wesentlich beeinflußt. Die Abweichung von der Annahme (8) ist insbesondere bei Lagern mit höherem Schichtdruck völlig zu vernachlässigen.

Aus dem Diagramm Abb. 2 lesen wir den Wert δ_{opt} als Funktion des Verhältnisses h/r_s und des Wertes des Ausdrucks

$$\frac{k\Delta\gamma r_s}{\mu q_{krit}} \tag{9}$$

ab, der praktisch für das ganze Lager konstant ist, wenn alle Sonden in gleicher Weise perforiert sind. Den Wert der höchstzulässigen Förderung errechnen wir dann nach der Gleichung (4). Die Lösung des auf Abb. 1 angegebenen Beispiels ist auf Abb. 2 dargestellt. Sie entspricht dem Wert:

$$\frac{k\Delta\gamma r_s}{\mu q_{krit}} = \frac{0{,}1 \cdot 1 \cdot 0{,}1}{0{,}015 \cdot 0{,}25} = 2{,}74$$

und

$$\frac{h}{r_s} = \frac{30}{0{,}1} = 300$$

Dann finden wir anhand des Diagramms auf Abb. 2 $\delta_{opt} = 0{,}39$. Die höchstzulässige Förderung beträgt nach der Gleichung (4)

$$Q_{max} = 0{,}25 \cdot 30 \cdot 0{,}39 \cdot 100 \frac{273}{300 \cdot 1} = 267\,000\ \mathrm{Nm^3/24h}$$

Verwendete Symbole und Größen:

- b = Länge des offenen Sondenintervalls (m),
- h = Mächtigkeit des Lagers (m),
- p_s = dynamischer Druck am Boden der Sonde (ata),
- p_1 = Schichtdruck (ata),
- p = mittlerer Druck im Förderbereich der Sonde (ata),

q_{krit} = kritische Entnahme je 1 m Perforation (tausend m³/24 h – bei dem Druck und der Temperatur am Boden der Sonde),
Q_{max} = maximal zulässige Förderung aus der Sonde (tausend Nm³/24 h),
r_s = Halbmesser der Sonde (m),
T_s = Temperatur in der Sonde (°K),
T_l = Temperatur des Lagers (°K),
T_0 = 288°K,
z = Kompressibilitätskoeffizient des Gases im Lager,
$\Delta\gamma$ = Differenz der Wichten des Wassers und des Gases im Lager,
δ = Größe (Grad) des Aufschlusses der Sonde,
μ = Viskosität des Gases im Lager (cp).

Literatur

CHANEY, P. E., M. D. NOBLE, W. K. HENSON & J. D. RICE: How to perforate your well to prevent water and gas coning. – Oil and Gas Journal, 54, 53, 108–114 (1956).
HEMALA, M.: Berechnung der Beschränkung der Förderkapazität von Gassonden durch die Bildung von Wasserkegeln auf dem Spiegel des Untergrundwassers. – Práce Výzkumného ústavu národního podniku Československé naftové doly. – Hodonín, Brno 1959.
TSCHARNIJ, I. A.: Über das Vordringen des Untergrundwassers in Gaslagerstätten des Kuppeltyps. – Iswest. AN SSSR, OTN, H. 9, S. 1326 bis 1344, Moskau 1959.

Die Porosität der karbonatischen Speichergesteine[1]

K. P. ANISSIMOW & M. W. ANISSIMOWA

Die Rolle der karbonatischen Speichergesteine in der Gesamtbilanz der Erdöl- und Erdgasgewinnung wächst ständig. Im Wolgograder Gebiet entfallen auf die karbonatischen Speichergesteine 17% des Erdöls und 70% des Erdgases aller Erdöl- und Erdgasvorräte.

Bei der Berechnung der Öl- und Gasvorräte nach der Volumenmethode muß man die effektive Porosität der Schicht kennen. Für die karbonatischen Speichergesteine gibt es gegenwärtig keine zuverlässigen Verfahren zur Bestimmung der effektiven Porosität. Nach der Kernanalyse und nach den Ergebnissen der geophysikalischen Untersuchungen kann man keinen genauen Wert für die effektive Porosität erhalten. Von Interesse sind daher die Angaben über die effektive Porosität der in Ausbeute befindlichen karbonatischen Schichten. Diese Werte kann man auf Grund der aus dem Erdöl- bzw. Gasspeicher geförderten Menge berechnen. Wir stellten derartige Berechnungen für zwei Karbonatschichten der Artschedinsker und der Abramowsker Lagerstätte im Gebiet Wolgograd an.

In der Artschedinsker Lagerstätte wurde die produktive Schicht in den oberen Teilen des Tournai untersucht, die aus Kalkstein mit Linsen von Kieseln und Kalkspattrümern bestand. In dieser Schicht treten feste und poröse, klüftige und kavernöse Varietäten der Kalksteine auf.

Das Erdöllager ist geschichtet, vom „schwimmenden" Typ. Die Wasser/Öl-Grenze wurde nach den Resultaten der Bemusterung von 28 Bohrungen festgelegt. Sie verläuft bei einer absoluten Höhenmarke von −886 m. Das Lager ist durch Wassertrieb gekennzeichnet.

Das Erdöllager wird seit 1949 ausgebeutet. Bis zum 1. März 1960 wurden 304000 t Öl gefördert. Dabei wurde folgendes festgestellt:

1. Die Anfangsförderraten der Sonden waren groß; alle Bohrungen begannen mit eruptiver Förderung.

2. Die Bohrungen werden gleichmäßig überflutet; das erklärt sich anscheinend dadurch, daß in der Gesteinsfolge lang ausgedehnte Klüfte vorhanden sind.

3. Mit zunehmender Überflutung hören die Bohrungen auf zu eruptieren. Die Förderung erfolgt mit Hilfe von Tiefpumpen. Zur Aufrechterhaltung der erreichten Höhe der Erdölförderung wird hierbei die Flüssigkeitsentnahme erhöht (bei einigen Bohrungen bis zu 120 t in 24 Stunden).

4. Zur Absperrung des Wassers in den Bohrungen 35 und 53 wurde zementiert. Beim Einpumpen der Zementlösung zeigte sich eine gute Aufnahmefähigkeit der Bohrungen. Praktisch nahmen sie beliebige Mengen der zubereiteten Zementlösung auf. Nach der Zementierung wurde perforiert, dann torpediert. Es ergab sich aber kein Zufluß aus der Schicht. Offensichtlich drang die Zementlösung auf den Klüften tief in den Speicher ein, und durch die folgende Perforation erreichte man keine Verbindung mit der Schicht.

[1] Aus: „Geologija nefti i gasa", 4 (1961), S. 38–39. Übers.: H. STÖLZER

Die effektive Porosität der Kalksteinkerne aus dem Tournai ändert sich in ziemlich weiten Grenzen um 1,55 bis zu 12,8%. Bei der Berechnung der effektiven Porosität waren folgende Ausgangsdaten gegeben:

Die erdölführende Fläche beträgt 1375000 m², die effektive Mächtigkeit des erdölführenden Teils der Schicht 2,5 m, der Koeffizient der Ölsättigung 0,93, der Umrechnungskoeffizient 0,94, das spezifische Gewicht des Öls an der Oberfläche 0,890. Bei einem Abgabekoeffizienten von 0,6 beträgt die effektive Porosität 19%, bei einem Koeffizienten von 0,9 ist sie gleich 12,5%.

Im Abramowsker Feld wurde durch das Niederbringen von Erkundungs- und Exploitationsbohrungen eine wirtschaftliche Gasführung des unteren Baschkir-Horizonts festgestellt. Die produktive Schicht besteht aus grauen, festen, kavernösen Kalken. Die Werte der effektiven Porosität, anhand der Kerne festgestellt, bewegen sich zwischen 1 und 10%.

Die ursprünglichen Gasvorräte, nach der Volumenmethode berechnet, betrugen 803,3 Mill. m³. 1959 wurden sie nach der Druckabfallmethode berechnet und beliefen sich auf 1150 Mill. m³. Vom Anfang der Ausbeutung (Mai 1956) bis zum 1. März 1960 wurden 725 Mill. m³ Gas gefördert. Der Schichtdruck fiel in dieser Periode unbedeutend, von 55,3 auf 40 at.

Bei der Berechnung der Gasvorräte nach der Volumenmethode betrug der Koeffizient der effektiven Porosität analog zu den gleichnamigen Schichten der Werchowsker Lagerstätte 14%. Nach der Druckabfallmethode berechnet, wird ihr Wert bedeutend höher, nämlich 18,6%.

Nach den Angaben A. A. TROFIMUKs (1956) schwankt die mittlere effektive Porosität einiger klüftiger Speichergesteine, berechnet nach dem Volumen des aus ihnen geförderten Öls, zwischen 0,25 und 0,3%. Die erhaltenen Größen der effektiven Porosität, bestimmt anhand der Kerne, sind klein. Das kommt daher, daß die Intergranularporosität den Hauptanteil der effektiven Porosität ausmacht.

Literatur

HUBBERT, M. K. & D. G. WILLIS: Important fractured reservoirs in the United States. Diskussionsbemerkung v. TROFIMUK. – Proceedings IV. World Petrol. Congr., Sect. I, S. 57–81, Rom 1955.
SHDANOW, M. A. u. a.: Die Berechnung von Erdöl- und Erdgasvorräten. – Gostoptechisdat, Moskau 1959.

Zeitschrift für angewandte Geologie, Bd. 10 (1964) Heft 2

Zu Fragen der Karstmorphologie und Hydrogeologie[1]

Einige Ergebnisse der geologischen Kartierung von Kurvelesh (SW-Albanien)

GERALD PATZELT, Jena

(Mitteilung aus dem VEB Geologische Erkundung West, Betriebsabt. Jena)

Einleitung

Über den albanischen Anteil von Epirus liegt ein verhältnismäßig spärliches geologisches und geographisches Schrifttum vor. Karstmorphologische Beobachtungen wurden von NOWACK (1923, 1929) und LOUIS (1927) mitgeteilt. NOWACK (1929) erwähnt, daß die vor allem an den „Rudisten-Nummulitenkalk" gebundene Verkarstung in den verschiedenen Gebirgszügen unterschiedlich stark ist, und erklärt diese Erscheinung dadurch, daß die geringer verkarsteten Gebirge erst seit verhältnismäßig kurzer Zeit ihrer Flyschhülle ledig sind. LOUIS beschreibt u. a. die ausgeprägten Karstformen des Kurveleshplateaus sowie ältere, zur Zeit tote Erosionstalsysteme in diesem Gebiet.

Einen Abriß der Hydrogeologie Albaniens gibt NOWACK in seiner „Geologischen Übersicht von Albanien" (1929). Als Hauptquellhorizont Südalbaniens bezeichnet er die Kalk/Flysch-Grenze, genauer gesagt, die Grenze der am Fuß von Kalkgebirgen oft weithin den Flysch bedeckenden quartären Gehängebrekzie zum Flysch.

Zur Karstmorphologie

Für die karstmorphologische und hydrogeologische Beurteilung eines Gebiets ist es wichtig zu wissen, welche zusammenhängenden Schichtfolgen der Verkarstung unterliegen und wie mächtig die verkarstete Platte ist. Die „Hornstein-Plattenkalke", die nach NOWACK die „Rudisten-Nummulitenkalke" unterlagern, beschreibt er als eine vorwiegend aus dichten Mergelkalken zusammengesetzte Folge. Im höheren Teil konnte Verf. im Beobachtungsgebiet eine durch Mergelzwischenlagen charakterisierte „Gura-Folge" abtrennen, die nach Ammonitenfunden mit dem Barrême beginnt. Die Mergelzwischenlagen hören mit der Obergrenze der Gura-Folge auf; in dem zwischen dieser und den überlagernden Rudistentrümmerkalken eingeschalteten geringmächtigen Phosphatkalkhorizont (Globotruncanenkalkfolge) fehlen sie bereits. Somit kann die Obergrenze der Gura-Folge als die Basisfläche des verkarsteten Kalkkomplexes gelten.

Über die Mächtigkeit der Rudisten-Nummuliten-Kalke macht NOWACK keine näheren Angaben. Da nach seiner geologischen Karte 1:200000 jedoch an mehreren Flußtälern und -durchbrüchen von ca. 1000 m Tiefe keine älteren Schichten zutage treten, wäre daraus auf eine Mächtigkeit der Folge von über 1000 m zu schließen.

Unsere neuen Beobachtungen zeigten jedoch, daß an allen tiefen Erosionseinschnitten auch tiefere stratigraphische Folgen aufgeschlossen sind. Für die Landschaft Kurvelesh und die südlich anschließenden Gebiete ergab sich eine Mächtigkeit der Rudistentrümmer- und Nummulitenkalke von etwas über 500 m.

Das Kurveleshplateau ist in Richtung des Schichteinfallens nach SW flach abgedacht, nimmt Höhen von ca. 1100—1580 m (von tieferen Hohlformen abgesehen) ein und stellt einen seichten und nackten Karst dar (Abb. 1). Fast überall ist ein Teil der verkarstbaren Serie denudiert. Die Dolinendichte ist sehr groß, kann aber quantitativ nicht angegeben werden, da genaue topographische Aufnahmen oder Luftbilder fehlen. Die Dolinen sind bis zu mehreren Dekametern tief und haben mitunter Durchmesser von über 200 m. Meist ist an den Böschungen der Dolinen unverbrochene Bankung zu erkennen. Örtlich sind Karrenfelder zu beobachten (Abb. 2). Gute Beobachtungsmöglichkeiten in den ehemals unterirdischen Karst bieten Cañons, die die verkarstete Kalkfolge durchschnitten haben. Wenn auch Höhlen nicht ganz fehlen, stehen doch die ausgeprägten oberflächlichen Karstformen in auffallendem Gegensatz zu einer geringen unterirdischen Verkarstung. Größere Hohlräume sind an den Steilwänden selten zu beobachten. Dies ist um so bemerkenswerter, als eine starke Lösungstätigkeit des Wassers in größerer Tiefe sonst angenommen und auch mehrfach nachgewiesen wurde (CORBEL u. a., erwähnt in: ROGLIĆ 1960). Nirgends sind im Kurveleshgebiet Einsturzdolinen festzustellen. An Steilwänden, die zahlreiche Dolinen durchschneiden, zeigt sich besonders deutlich, daß es sich um reine Korrosionsformen handelt.

Die Erkenntnis, daß Einsturzdolinen gegenüber Lösungsdolinen selten sind, ist nicht neu. Wenn auch in den letzten Jahrzehnten über die Korrosionsvorgänge an der Karstoberfläche, die zur Entstehung der Dolinen führten, verschiedene Ansichten vertreten wurden (CVIJIĆ 1893, TERZAGHI 1913, O. LEHMANN 1931, MILOJEVIĆ 1937 u. a.), ist ihre Deutung als Korrosionsform doch seit langem anerkannt (vgl. LOUIS 1959, MACHATSCHEK 1952, WEBER 1958). Nach CRAMER (1941) haben für das Kalkgebirge wohl als letzte NEISCHL und v. KNEBEL die Einsturztheorie vertreten.

Um so befremdlicher ist es, daß zwei neuere geologische Lehrbücher (SÄRCHINGER 1951, VIETE, WAGENBRETH u. a. 1960) Dolinen generell als durch Einsturz von Höhlen entstanden erklären, das letztere sogar Poljen als Einbruchsgebiete (!) deuten.

Abb. 1. Dolinenlandschaft des Kurveleshplateaus. Südöstlich des Mali That bei Golem, Blick nach NE. Vorn zwei kleine landwirtschaftlich genutzte Dolinen

[1]) Eingang des Manuskripts in der Redaktion: 28. 8. 1963.

Abb. 2. Kluftkarren. Kurveleshplateau zwischen Progonat und Golem

Da die Bezeichnung „Erdfall" mit einer genetischen Vorstellung verbunden ist, die nach dem Gesagten für die meisten Dolinen nicht zutrifft, ist es nach Ansicht des Verf. wenig glücklich, die Begriffe „Doline" und „Erdfall" gleichzusetzen, wie dies neuerdings wieder PFEIFFER (1961) vorschlägt. Verf. möchte sich dafür verwenden, daß die von CRAMER (1941) vorgeschlagene sinnvolle und gut durchdachte Systematik und Terminologie der dolinenartigen Hohlformen allgemeine Anwendung findet. Es wäre zu erwägen, ob man mit LOUIS die Bodensenkungsdolinen (KATZER) oder Schwunddolinen (MÜHLHOFER, CRAMER) den Erdfällen zurechnet. Derartige, durch Einspülung und Nachbrechen von Lockermassen ins unterirdische Hohlraumsystem entstandene Einbrüche konnten auf Böden von Lösungsdolinen in Triaskalken östlich des Mali Dajtit bei Tirana beobachtet werden. Unserer Ansicht nach wäre in der Tab. 3 von REUTER (1963) der Begriff „Erdfälle" (unter I 3b) zur Gruppe II (In unlöslichen Gesteinen, die verkarstete Schichten überdecken oder ihnen anliegen) zu rechnen und eventuell mit „Einsturztrichter" (unter II 2) zu vertauschen.

Besonders erwähnt seien hier nochmals die von LOUIS beschriebenen älteren Talsysteme, die durch spätere Dolinenbildung überprägt sind. Sie zeigen, daß vorwiegend erosive und verstärkt korrosive Abtragung einander, wohl klimatisch bedingt, abgelöst haben. Es verdient hervorgehoben zu werden, daß dieser zeitliche Wechsel auf einem einheitlichen Kalkgebirge stattfand, nicht in einem zusammengesetzten Fluviokarst, in dem verschiedene Gesteine ausstreichen. Danach scheint es, daß ROGLIĆ, der die wesentlichen Unterschiede zwischen Erosions- und Korrosionslandschaft hervorhebt, doch etwas zu weit geht, wenn er in beiden Abtragungsformen einander ausschließende Gegensätze sieht. Wenn man allerdings unter Erosion nur die Tätigkeit grundwassergenährter ständig fließender Wasserläufe versteht, ist zugegeben, daß derartige Prozesse für den Karst nicht bewiesen und auch nicht angenommen werden können. Zu den durch Wasserabfluß an der Oberfläche bedingten morphogenetischen Prozessen gehört jedoch auch die Bildung der im Karst nicht seltenen Denudationsspülrinnen und kleinen Trockentäler.

Zur Hydrogeologie

Während in den übrigen Gebirgszügen SW-Albaniens der Basis des Karstes der oberkretazisch-alttertiären Kalke infolge der Lagerungsverhältnisse und z. T. der Anschnittiefe als Quellhorizont keine oder nur geringe Bedeutung (z. B. im Mali i Gjer) zukommt, stellt diese Grenze im Kurveleshgebiet mit seinen wenig gestörten und flachgelagerten Schichten den wichtigsten Quellhorizont dar. Man könnte diese Quellen vielleicht am besten als „Karstschichtquellen" bezeichnen, da sich das Wasser im Karstsystem sammelt, im Austrittsniveau aber an die wasserstauende Schicht der Karstbasis gebunden ist. Sie fließen auch in der trockenen Jahreszeit regelmäßig und sind z. T. recht wasserreich.

PFEIFFER (1961) kann u. E. nicht zugestimmt werden, wenn er Quellen dieser Art in die Definition der Karstquellen einbezieht. Dies wäre nach Ansicht des Verf. allenfalls dann sinnvoll, wenn man von der Vorstellung eines einheitlichen Grundwasserspiegels im Karst — im Sinne von GRUND — ausginge.

Karstquellen schütteten in den trockenen Monaten der Kartierungszeit nicht, wurden aber im regenreichen Herbst 1956 von einer deutschen Geologengruppe im Kurveleshgebiet zahlreich beobachtet.

Breite Schotterbetten der Flüsse, Trockentäler und Denudationsspülrinnen mit vorgelagerten Schwemm- bzw. Schuttfächern sowie trockene Kaskaden lassen erkennen, wie stark der niederschlagsbedingte jahreszeitliche Wechsel im Wasserhaushalt ist.

Den tiefer eingeschnittenen Tälern, insbesondere den großen Cañons, sitzen im Niveau der Talsohle oder wenige Meter darüber aus tieferen Kalkfolgen zahlreiche Wässer zu. Die Wasseraustritte stehen in ihrer Zuordnung etwa zwischen Karst- und Spaltenquellen. Da die Ausstrichflächen der tieferen Serien als Einzugsgebiet viel zu gering sind, ergibt sich daraus, daß ein Teil des versickernden Wassers aus dem Karst der oberkretazisch-alttertiären Kalke auf Klüften durch die unterlagernden mergelführenden Schichten ins Liegende gelangt.

Eine geringere Rolle als die genannten Quellen spielen solche, die an einer inversen Kalk/Flysch-Grenze, an der Grenze der Posidonienschichten zur Aptychenkalkfolge liegen, und Verwerfungsquellen. Wichtiger ist die Wasserführung an der Auflagerungsfläche eines fossilen Schwemmfächers über Flysch im Untergrund der Stadt Tepelenë an der Mündung der Bencë in die Viosa. Die starke Quelle „Ujë-të-ftoftë" am Drinostalhang tritt als sekundäre Quelle im Gehängeschutt aus, der primäre Wasseraustritt ist wohl an die Kalk/Flysch-Grenze und möglicherweise an eine Störungszone geknüpft.

Außerhalb des Kartierungsgebiets ist in SW-Albanien neben dem von NOWACK erwähnten Quellhorizont an der Grenze Flysch/Gehängebrekzie in einigen Gebieten die Wasserführung der wohl meist pleistozänen Schotter im Untergrund größerer Talebenen bedeutsam. Nach TRIKKALINOS (1957) sind die holozänen und pleistozänen Ablagerungen in Griechenland die wichtigsten Wasserreservoire.

Als Beispiel sei erwähnt, daß im südlichen Dhropulli (Drinostal), am NE-Fuß des Mali-i-Gjer-Zuges, gelegene Dörfer ihr Wasser im Brunnen den Drinostalablagerungen entnehmen, während die Quellen der am gegenüberliegenden Hang des Lunxheri- und Bureto-Gebirges meist in höherem Niveau gelegenen Dörfer an der Basis der Gehängebrekzie entspringen.

Wassernutzung

Das Wasser wird im Untersuchungsgebiet als Trinkwasser, zur Bewässerung und in neuerer Zeit auch in geringem Umfang zur Energieversorgung genutzt. Kleine „Hydrozentralen" erzeugen stundenweise etwas elektrischen Strom für jeweils ein Dorf.

Während für die notwendige Bewässerung der Felder seit alter Zeit viel Arbeit aufgewandt wird, ist es mit der Trinkwasserversorgung unterschiedlich. In einigen Dörfern wird das Wasser in Fässern kilometerweit herangeschleppt, obwohl eine Wasserleitung unschwer gelegt werden könnte, wie dies in anderen Ortschaften bereits geschah.

Die Karsthochfläche als Einzugsgebiet wird durch Viehherden stark verunreinigt, doch wird das Wasser beim Versickern durch die Roterde der Dolinenböden etwas gefiltert. Dem Verf. ist nur ein Fall bekannt, in dem eine Wasserentnahmestelle aus einem offenen Graben auf Grund einer Wasseruntersuchung gesperrt wurde.

Wo Wassermangel durch Einzugsgebiet und Lagerungsverhältnisse bedingt ist, wie in Golem, wäre die Versorgung nur dadurch zu verbessern, daß das Wasser aus tieferen Niveau gehoben würde. Das ist jedoch verhältnismäßig kostspielig.

Die zur Verfügung stehende Energie könnte erheblich intensiver genutzt werden. Die Wasserfälle am Gura-Cañon würden genügend Energie liefern, um ein größeres Gebiet mit Strom zu versorgen.

Zusammenfassung

Der verkarstete Komplex oberkretazisch-alttertiärer Kalke wird in SW-Albanien von einer mergelführenden Folge unterlagert, deren Obergrenze in der Landschaft Kurvelesh einen wichtigen Quellhorizont darstellt. Möglichkeiten einer besseren Nutzung des Wassers als Trinkwasser und zur Energieversorgung wären gegeben. An Steilwänden ist zu beobachten, daß die unterirdische Verkarstung gegenüber den entwickelten Formen des Oberflächenkarstes recht gering ist. Verf. wendet sich gegen die Gleichsetzung der Begriffe „Doline" und „Erdfall" sowie gegen den in zwei neueren Lehrbüchern unternommenen Versuch, die Hauptformen des Oberflächenkarstes mit Hilfe der seit Anfang unseres Jahrhunderts überholten Einbruchshypothese zu deuten.

Резюме

Закарстованный комплекс верхнемеловых и древнетретичных известняков подстилается в югозападной части Албании мергелистой толщей, кровля которой представляет важный горизонт выхода источников в местности Курвележ. Имеются возможности для более выгодного использования грунтовых вод в качестве питьевой воды и источника энергии. На крутых обрывах наблюдается, что подземный карст довольно слабо распространен по сравнению с развитыми формами поверхностного карста. Автор критикует отождествление понятий „долина" и „провал" и обращается против предпринятой в двух новых учебниках попытки интерпретации главных форм поверхностного карста при помощи устаревшей с начала нашего века гипотезы провалов.

Summary

In Southwest Albania the karstified complex of Upper Cretaceous-Old Tertiary limes is based on a marl-bearing succession, whose upper limit represents an important head-water horizon in the area of Kurvelesh, which would enable a better utilization of the water as potable water and for the supply of power. Escarpments show a rather low underground karstification as compared to the more developed forms of the surface karst. The author turns against an equalization of the concepts of „doline" and „Erdfall", as well as against an attempt made in two more recent textbooks to explain the main forms of the surface karst by means of the collapse hypothesis which was given up since the beginning of our century.

Literatur

BÖGLI, A.: Kalklösung und Karrenbildung. – Z. f. Geomorph., Suppl.-Bd. **2**, 4–21 (1960).

CRAMER, H.: Die Systematik der Karstdolinen. Unter Berücksichtigung der Erdfälle, Erzschlotten und verwandter Erscheinungen. – Neues Jb. Mineralog., Abt. B, Beil.-Bd. 85, 293–382, Stuttgart 1941.

CVIJIĆ, J.: Das Karstphänomen. – Penck's Geogr. Abh., **5**, H. 3, Wien 1893.

JUBELT, R.: Albanien im Blickpunkt der praktischen Geologie. – Z. angew. Geol., **7**, 297–306, Berlin 1957.

KAYSER, K.: Karstrandebene und Poljeboden. Zur Frage der Entstehung von Einebnungsflächen im Karst. – Erdkunde, **9**, 60–64 (1955).

LEHMANN, O.: Über die Karstdolinen. – Mitt. Geogr.-Enthnogr. Ges. Zürich, **31**, 43–71, Zürich 1931.

LOUIS, H.: Albanien. Eine Landeskunde. – Geogr. Abh., 2. Reihe, H. 3, Stuttgart 1927.

– Geomorphologie. Lehrbuch der allgemeinen Geographie, Bd. 1, Berlin 1959.

MACHATSCHEK, F.: Geomorphologie. Leipzig 1952.

MILOJEVIĆ, S.: Einige Bemerkungen über die morphologische Mannigfaltigkeit der Dolinen im kahlen Karst. – Bull. Soc. Géogr. Belgrad, **23**, 1–16, Belgrad 1937.

NOWACK, E. & H. LOUIS: Reisebericht aus Albanien. – Z. Ges. f. Erdk. Berlin, 265–272, Berlin 1923.

NOWACK, E.: Geologische Übersicht von Albanien. – Erläuterung zur geologischen Karte von Albanien. Salzburg 1929.

PATZELT, G.: Erläuterungen zur geologischen Karte von Kurvelesh. – Unveröff. Bericht der Staatl. Geol. Komm. 1958.

– Beiträge zur Stratigraphie SW-Albaniens. Ein Nachweis ammonitenführender Unterkreide im Jonischen Faziesgebiet. – (In Vorbereitung.)

PFEIFFER, D.: Zur Definition von Begriffen der Karst-Hydrologie. – Z. deutsch. geol. Ges., **113**, 51–60 (1961).

RATHJENS, C.: Beobachtungen an hochgelegenen Poljen im südlichen Dinarischen Karst. (Ein Beitrag zur Frage der Entstehung und Datierung der Poljen). – Z. f. Geomorph., N. F., **4**, 141–151 (1960).

REUTER, F.: Zur Klassifizierung von Karsterscheinungen für ingenieurgeologische Zwecke. – Z. angew. Geol., **9**, 25–27, Berlin 1963.

ROGLIĆ, J.: Das Verhältnis von Flußerosion zum Karstprozeß. – Z. f. Geomorph., N. F., **4**, 116–128 (1960).

SÄRCHINGER, H.: Geologie und Gesteinskunde. – Berlin 1951.

TERZAGHI, K.: Beitrag zur Hydrographie und Morphologie des Kroatischen Karstes. – Mitt. a. d. Jb. d. K. Ungar. Geol. Reichsanst., **20**, 255–369, Budapest 1913.

TRIKKALINOS, I. K.: Beiträge zur Erforschung des tektonischen Baues Griechenlands. Über die hydrogeologischen Verhältnisse Griechenlands. – Ann. Géol. Pays Hellén., 1. sér., 8, 99–134 (deutsch 118–134) Athènes 1957.

VIETE, G., O. WAGENBRETH, R. HUNGER & H. REICHERT: Geologie, Bd. I, Allgemeine Geologie. – Freiberg 1960.

WEBER, H.: Die Oberflächenformen des festen Landes. – Leipzig 1958.

Die Goldlagerstätten in Tanganjika[1)]

ARTHUR GRIMMER, Freiberg (Sa.)

Einleitung

Die Erschließung alt beschürfter Goldvorkommen in den letzten Jahren macht die Beurteilung des Goldbergbaues in Ostafrika etwas schwierig, da verschiedene Mineralvorkommen und Lagerstätten mit mehr oder weniger gutem Erfolg bearbeitet wurden. Die Entwicklung des jungen Nationalstaates bewirkt auch eine Fortsetzung geologischer Forschung zum Nutzen des Bergbaus als Teil seiner Wirtschaft. Nach dem Einblick in den Stand der bergbaulichen Möglichkeiten, den Verf. während geologischer Studien und mineralogisch-technologischer Untersuchungen in Tanganjika gewonnen hat, soll nachstehend einiges mitgeteilt werden.

Bergwirtschaftliches

Tanganjika weist eine Fülle von Goldvorkommen auf. Die zahlreichen Mineralfundstellen, die schon um die

1) Eingang des Manuskripts in der Redaktion: 9. 9. 1963

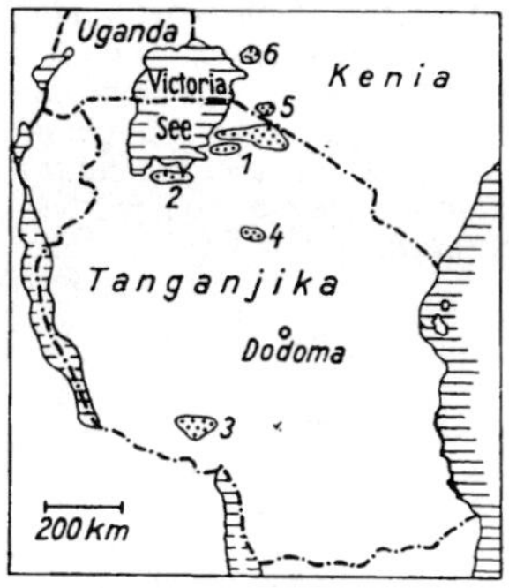

Abb. 1. Die Goldlagerstättengebiete Tanganjikas

1 – Musoma, 2 – Mwanza, 3 – Lupa, 4 – Iramba-Hochland, 5 – Lolgorien, 6 – Kagamega

Jahrhundertwende und in den zwanziger Jahren kannt wurden, erweckten den Eindruck, daß sie eine größere wirtschaftliche Bedeutung erlangen könnten, und wurden auch mit den bisher ökonomisch tragbaren Grubenkosten abgebaut, wobei vor allen Dingen auf Reicherze und auf den Erztyp „Freigold" Wert gelegt wurde. Kleinere und größere Vorkommen liegen östlich und südlich des Viktoriasees, in der Zentralprovinz und im Ikoma-Hochland. Die sogenannten Goldfelder sind die Gebiete von Musoma, Mwanza, Lupa und die Vorkommen im Iramba-Hochland sowie weitere einzelne, verstreute Fundstellen (s. Abb. 1). Der geologischen Zusammenhänge wegen ist noch das sich nördlich des Musoma-Goldfeldes anschließende Gebiet um Lolgorien und Kagamega im südwestlichen Teil Kenias erwähnenswert. Da infolge stetiger Nachfrage nach Gold der Marktpreis gehalten wurde, konnten auch Gruben und Goldwäschereien im Kleinstmaßstab eine geringe Golderzeugung aufrechterhalten. Tanganjika und Kenia haben in der Golderzeugung noch keine größere Bedeutung erlangt, lieferten aber bis jetzt laufend Gold in kleinen Mengen.

Von größerer wirtschaftlicher Bedeutung sind zur Zeit nur noch drei goldführende Lagerstätten östlich und südlich des Viktoriasees, wo Erze im Tiefbau abgebaut, lokal aufbereitet und verhüttet werden. Diese Gruben sind die zur Zeit größten Goldproduzenten des Landes. Im Mwanza-Goldfeld beschränkt sich die Gewinnung auf die Geita-Grube mit einer z. Z. bekannten Reserve von ca. 955000 l.t. (1 longton = 1016,04 kg) Erz mit einem Durchschnittsgehalt von 4,0 dwt. = 6,2 g Gold/Tonne (alle Angaben von Produktionsziffern aus „Min. Journ.", 1961 und 1962). Im Musoma-Goldfeld sind die Vorkommen von Kiabakari und, besonders für die Zukunft, die von Buhemba von Interesse. Außer diesen liefern vereinzelt noch kleine Fundstellen am Rande der Serengettisteppe sowie die nördlich des Maraflusses liegende Mara-Grube etwas Gold. Das früher hoffnungsvolle und wichtige Lupa-Goldfeld hat seine Bedeutung ebenfalls verloren und liefert z. Z. praktisch keine Ausbeute mehr.

Der Anteil des Goldes aus dem Erzbergbau Tanganjikas tritt in den letzten Jahren mit ca. 99000 ozs/Jahr (1 ounce = 28,35 g) hinter den Mengen der übrigen golderzeugenden Länder Afrikas, z. B. Republik Südafrika mit 22 Millionen ozs, Ghana mit 893000 ozs, Südrhodesien mit 570000 ozs und Republik Kongo mit 300000 ozs, weit zurück. Aus den Vorkommen Kenias werden z. Z. schätzungsweise 12000 ozs Gold pro Jahr gewonnen. Uganda weist nur unbedeutende und Rwanda-Burundi wenig mehr Goldvorkommen auf. Eine Entwicklung der Golderzeugung ist hier noch nicht absehbar.

Aussagen über prognostische Goldvorräte, die über die privaten Grubenbilanzen hinausgehen, werden erst bei zukünftigen Haupterkundungen möglich sein.

Mit Ausnahme gewisser Reicherzpartien in alten Lagerstättenteilen sind z. Z. keine Vorräte mit hohem Metallgehalt bei großem Lagerstätteninhalt bekannt, die vergleichbar wären mit dem Vorkommen z. B. der Ashanti-Grube in Ghana mit einer Erzreserve von ca. 3 Mill. t bei einem Gehalt von rund 28—29 g Au/t. Von privater Seite wurden meist keine allzugroßen Geldmittel für die Lagerstättenerkundung investiert. Auf Grund der oberflächennahen Lage einzelner Erzvorkommen wurden die Abbaue teilweise nur in geringeren Teufen auf wirtschaftlich günstige Bereiche ausgedehnt, besonders in kleineren Betrieben. Größere kapitalkräftige Unternehmen konnten konjunkturbedingt umfangreichere geologische Bearbeitungen durchführen. Eine gesteigerte montangeologische Bearbeitung zur Erschließung neuer Reserven macht jedoch neue Investitionen notwendig, deren Höhe von der Nachfrage der Wirtschaft abhängig bleibt. Tanganjika hat in sein neues Wirtschaftsprogramm einen erweiterten Mineralerkundungsplan aufgenommen. Das Land verfügt noch nicht über genutzte Wasserkräfte und besitzt keine Öl- oder Naturgasvorkommen für eine größere bergindustrielle Ausnutzung. Auf den Brennstoffbezug aus den bekannten Kohlenfeldern im Süden kann keine große Hoffnung gesetzt werden. Die Kohle im Ruhuhu-Gebiet gilt als Industriekohle. Die Flöze sind meist dünnschichtig, über sichere Vorräte wurden in neuerer Zeit keine Angaben mehr gemacht. Das Transportproblem besteht im ganzen Land. Die Rohprodukte legen bis zur Raffination durch europäische Abnehmer gewaltige Strecken mit Auto und Flugzeug zurück.

Solange beim derzeitigen Stand des Goldpreises ein Bedarf erhalten bleibt, kann der ostafrikanische Bergbau entsprechend seinen z. Z. bekannten Erzvorräten und technologischen Erzqualitäten produzieren. Der Arbeitsaufwand pro kg erzeugtes Rohgold liegt verhältnismäßig hoch gegenüber günstiger produzierenden Gruben mit größeren Vorräten und Qualitäten in anderen Ländern Afrikas.

Bei der zukünftigen Wirtschaft spielt vielleicht auch der Eigenbedarf an Gold eine größere Rolle. Wieweit der junge, politisch unabhängige Staat Tanganjika durch die Gewährung von Prospektions- und Abbaurechten seiner eigenen Wirtschaft nutzen will, ist aus dem geltenden Bergrecht und der Höhe der Bergbausteuern zu ersehen.

Allgemeines — Bergbau

Die Entwicklung des Erzbergbaues geht nicht in dem Tempo vor sich wie in der Republik Südafrika oder Südrhodesien. Die Technik des Bergbaus ist nicht wesentlich verschieden von der des südafrikanischen Goldgebietes oder der zentralafrikanischen Kupferprovinz, jedoch werden Gewinnung, Förderung, Aufbereitung und Verhüttung meist mit primitiveren und älteren technischen Einrichtungen betrieben. Der Tiefbau erstreckt sich noch auf mittlere Teufen bis zu ca. 500 m. Die Bergbaubetriebe befinden sich in vom Hauptverkehrsweg abgeschnittenen Gegenden (Abb. 2). In der Regenzeit sind die Straßen zeitweilig nicht benutzbar, so daß Transporte zu den Gruben teilweise mit großen

Abb. 2. Schacht und Förderanlage einer größeren Goldgrube im Musoma-Goldfeld

Schwierigkeiten verbunden sind. Für Sonderfälle werden Kleinstflugzeuge eingesetzt. Diese Transportkosten und die langsame Amortisation der Fahrzeuge bedingen im allgemeinen hohe Betriebskosten. Durch eine schlechte Elektrifizierung sind die Gruben auf eine Eigenerzeugung von Strom mit Dieselmaschinen oder Turbogasgeneratoren angewiesen, was ebenfalls mit erhöhten Unkosten verbunden ist. Die Wasserknappheit, besonders in der Trockenzeit, macht Tiefpumpen erforderlich und gegebenenfalls die Heranleitung aus Seen zur Deckung des technischen und Trinkwasserbedarfs. Eine Versorgung mit Grubenholz kann teilweise aus dem Lande erfolgen.

Eine besondere Frage für einen modernen Bergbau ist die Arbeitskräftesituation. Neu in die Grubengebiete kommende Arbeitsuchende können nur vereinzelt für bestimmte Arbeiten eingesetzt werden, da sich die geringe technische Berufsausbildung stark auswirkt. Infolge der bestehenden Arbeitslosigkeit sowie einer Zuwanderung Arbeitsuchender aus dem dichtbevölkerten südwestlichen Kenia ist das Lohnniveau der ostafrikanischen Berg- und Hüttenarbeiter sehr niedrig. Die Abstufung im Lohn zwischen Weißen und Farbigen erklärt sich im wesentlichen durch die unterschiedliche Qualität der Beschäftigung. Der Stamm leitender und technischer Angestellten ist relativ klein und kontraktlich zeitlich gebunden. Obwohl seitens der Bergbehörde Sicherheitsvorschriften existieren, erhält man im Bergbau und der Aufbereitung bezüglich des Arbeits- und Gesundheitsschutzes nicht immer den besten Eindruck. Wenn diese Gebiete auch klimatisch gegenüber dem mittleren Zentralafrika angenehmer erscheinen, spielen doch heute noch trotz lokaler Bekämpfung manche ungesunden Verhältnisse und dadurch begünstigte Tropenkrankheiten eine große Rolle [z. B. epidemisches Auftreten von Fiebererkrankungen durch Viren (Uganda-Fieber), Malaria sowie Bilharzia u. a. mehr].

Die Entwicklungsfähigkeit des Goldbergbaues ist abhängig von der sicheren Kenntnis bauwürdiger Vorräte und von den wirtschaftlichen Gesichtspunkten des Landes Tanganjika.

Technische Erztypen und Aufbereitung

Da die Qualität des Erzes von den geologisch-mineralogischen Gegebenheiten abhängig ist, müssen Aufbereitungsmethoden und chemische Technologie den Erztypen aus den Lagerstätten oder Teilen derselben angepaßt werden. Hinsichtlich der Golderze in den genannten Goldfeldern ist keine einheitliche Verfahrenstechnik möglich. Um ein möglichst hohes Ausbringen des Goldes zu gewährleisten, sind von Fall zu Fall verschiedene Kombinationen anzuwenden. Auch während der Verarbeitung sind oftmals Veränderungen notwendig, da unterschiedliche Minerale verschiedene Goldgehalte zeigen. Störungen beim Ausbringen komplexer mineralogischer Metallträger haben meistens merkliche wirtschaftliche Verluste zur Folge, die weitaus größer sein können als zusätzliche Untersuchungskosten. Die übliche Auswahl der Proben aus Grubenaufschlüssen und Bohrmaterial läßt eine quantitative Mineral- und Gefügeanalyse an Erzanschliffen und an getrennten Einzelfraktionen zu. Die hieraus gewonnenen Kenntnisse reichen aus, die vielgestaltigen Mikro- und Makroveränderungen in Lagerstättenteilen vollwertig zu repräsentieren. Die Entnahme zusätzlicher Mengen an Durchschnittsproben aus dem Fördererz scheint einfach und billig durchführbar; jedoch zeigt sich hier die Schwierigkeit, daß in der Zeit zwischen Förderung und Aufbereitung in den meisten Grubenbetrieben exakte mineralogische Bestimmungen noch weniger durchführbar sind als die üblichen chemischen Analysen. Voraussetzung einer optimalen Analyse von Mineralbestand, Gefüge und Metallträger in den zum Abbau vorgerichteten Vorräten ist eine je nach dem Lagerstättentyp anzusetzende Menge an Untersuchungsmaterial im Stadium der Abbauerkundung. Nur bei vollständiger Kenntnis des Aufgabegutes kann der Aufbereiter auf die zu erwartenden Schwierigkeiten vorbereitet sein. Freigold ist in den gesteinsbildenden Mineralen und in Sulfiden im allgemeinen nur sehr feinkörnig enthalten. Auch submikroskopisch feinkörnig tritt Gold in Pyrit, Pyrrhotin, Arsenopyrit und Eisen-Titan-Mineralen auf. Daher kann die übliche chemische Pauschalanalyse der Erze keine Aussage darüber geben, wieviel Gold nach Durchlaufen einer noch wirtschaftlichen Aufmahlung gewonnen werden könnte. Da von dem sichtbaren Teil des Goldes im Erz wiederum ein größerer Anteil kleiner als 10 Mikron ist, sind mit der Aufmahlung technische Probleme verbunden, die höhere Zerkleinerungskosten je Tonne Aufgabe zur

Abb. 3. Gesamtansicht der Goldaufbereitungsanlage Kiabakari im Musoma-Goldfeld

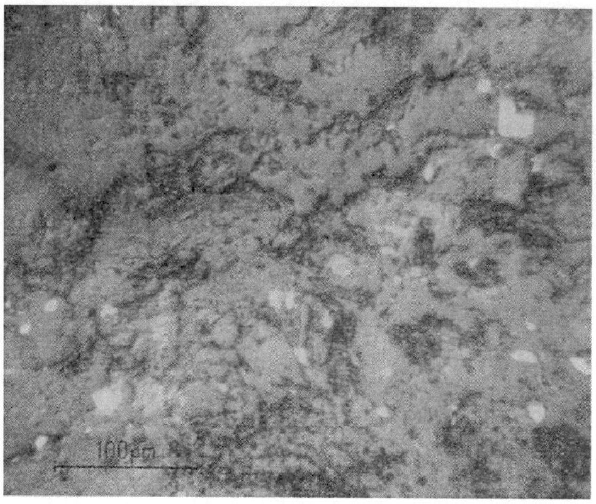

Abb. 4. Vererzter granitisierter Amphibolit mit Gold (< 10 Mikron)

Folge haben. Die Technik der Zynanidauslaugung kommt daher in erster Linie in Betracht (Abb. 3). Auch können keine verwertbaren Mengen Freigold vorzeitig durch Einbau von Goldfallen zwischen Kugelmühlen und Klassierer aus dem Arbeitsgang entnommen werden. Kordherde sind nur gelegentlich einschaltbar. Die klimatischen Verhältnisse, besonders in der Regenzeit, erschweren den Arbeitsprozeß. Da die sulfidreicheren Erze nach der Grobzerkleinerung äußerst schnell oxydieren, bilden sich Eisenhydroxydfilme um Freigold. Die silberreichen Goldpartikel können ebenfalls Chloridfilme bilden. Die Erze müssen in solchen Fällen nach der Vorzerkleinerung direkt weiterbehandelt werden. Bunkerung der Erze ist nur beschränkt möglich. Eine Amalgamation kann nicht zufriedenstellend arbeiten, solange nicht genügend Freigold regelmäßig vorhanden ist, und ist nur zeitweilig wirtschaftlich. Eine Anreicherung von Freigold und Sulfidmineralen ist teilweise mit Schütteltischen möglich. Da ein Großteil des Goldes mit Sulfiden verwachsen und submikroskopisch auch in diesen angereichert ist, sind teilweise Flotationskonzentrate, sulfidische Sammelkonzentrate und Freigold als Einzelkomponenten wünschenswert, um einen sehr hohen Zyankaliverbrauch durch Sulfide herabzudrücken. Der Neueinbau von Flotationszellen in die Anlagen, der Preis der Reagenzien sowie die Anschaffung notwendiger Röstanlagen sind bei dem derzeitigen Stand der Erzreserven für die meisten Grubenbetriebe wirtschaftlich untragbar.

In der Praxis des Goldschmelzens aus Zinkstaubniederschlägen treten noch manchmal Komplikationen auf. Die aus verschiedenem Ausgangsmaterial erschmolzenen Schlacken schließen größtenteils mechanisch bzw. auch chemisch Metalle wie Gold, Silber, Kupfer ein. Eine Schlackenzusammenstellung muß ökonomisch sein und auch den metallurgischen Wünschen weitestgehend gerecht werden. Eine Wiedergewinnung der in die Schlacken gewanderten Edelmetalle ist notwendig, da die Goldgehalte oft das Mehrfache der Gehalte der Erzkonzentrate ausmachen können. Obwohl aus der Praxis Erfahrungen vorliegen, wie günstige Schlackenrohstoffe zu mischen sind, könnten Untersuchungen bezüglich der Viskosität, Volumenkontraktion, Schmelztemperatur, spez. Gewichtsdifferenz brauchbare Hinweise zur Verbesserung geben.

Viele kleinere Goldvorkommen sind nicht bauwürdig, weil die Aufbereitungskosten für sie zu hoch liegen. Dieses Gold könnte man noch wirtschaftlich gewinnen, wenn mehrere Kleinstgruben eine gemeinsame Aufbereitung verwenden würden. Ein Verschneiden von Reich- und Armerzen ist aus bergbautechnischen Gründen kaum möglich, zum anderen gehören wiederum die Goldvorkommen verschiedenen Bergbaugesellschaften.

In alten Halden könnten chemisch-mineralogische Untersuchungen sicherlich noch gewinnbare Mengen Gold feststellen.

Um die Wirtschaftlichkeit einzelner Gruben und Tagebaubetriebe sowie die Bauwürdigkeit zu erhöhen, wären vor allem Verfahren zur billigeren Gewinnung oder zur Gewinnung von Erzen mit geringerem Metallgehalt Voraussetzung. Auch bei höheren Goldgehalten und größeren Vorräten kann die notwendige Technologie der Goldgewinnung die Ökonomie eines Grubenbetriebes in Frage stellen.

Geologische Betrachtungen

Um die Jahrhundertwende und in den darauffolgenden Jahren wurden in Ostafrika wichtige geologische Unterlagen geschaffen, von denen nachfolgend nur das Wesentlichste umrissen sei. Am geologischen Aufbau Tanganjikas sind folgende Systeme beteiligt:

Känozoikum	Quartär Tertiär
Mesozoikum	Obere Kreide Untere Kreide Oberer Jura Unterer Jura
Paläozoikum	Karru-System Bukoba-System
Algonkium Archaikum	{ Muve-Ankole-System { Oberer } Mittlerer } Basement-Komplex Unterer }

Von WADE (1937) wurde eine sehr ausführliche Bearbeitung des Landes durchgeführt und eine detaillierte stratigraphische Gliederung gegeben.

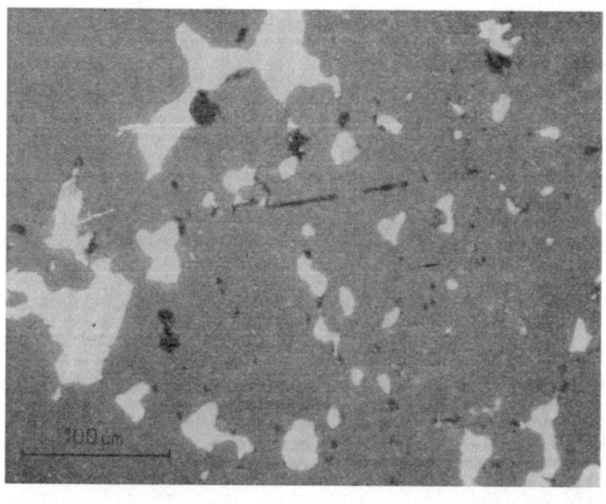

Abb. 5. Goldimprägnation in Quarz (> 10 Mikron)

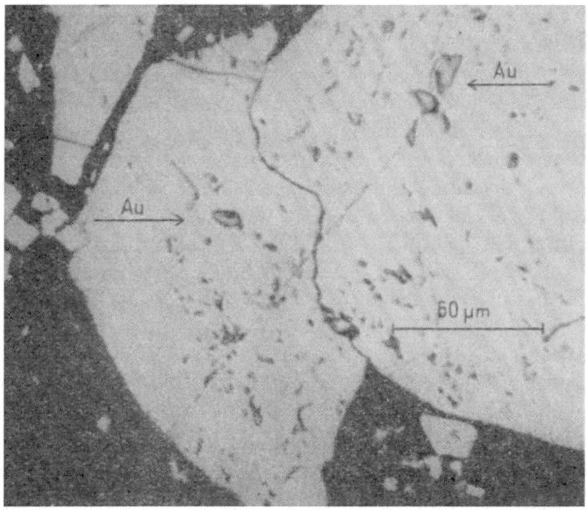

Abb. 6. Goldhaltiger Pyrit (hell) im Grünstein (schwarz)

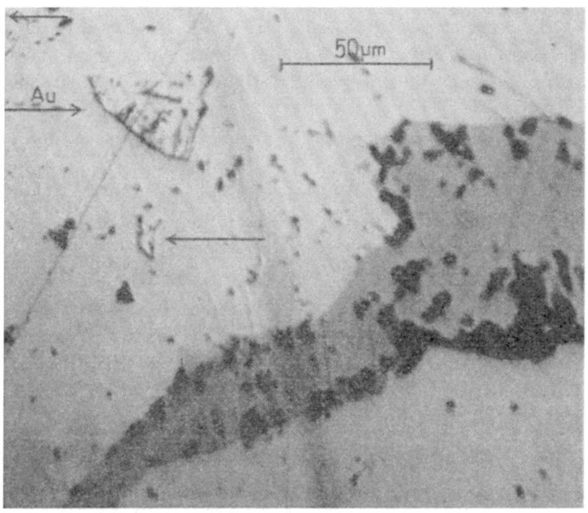

Abb. 7. Gold in Arsenopyrit neben Pyrrhotin

Die meso- bis katazonalen Gesteine des Basement-Komplexes nehmen große Teile im Osten und Westen der ca. 930000 km² großen Oberfläche Tanganjikas ein. Das Grundgebirge ist teilweise sehr stark gefaltet, flache Faltungen sind nur kleinräumig an der Küste bekannt geworden. Epizonal metamorphosierte Sedimente, Ergußgesteine und Tuffe bilden den oberen Teil dieser archaischen Schichten. Darüber folgen diskordant algonkische Sedimente, jüngere Ablagerungen mit Laven und Tuffschüttungen in verschiedenen Teilen des Landes.

Im mittleren Teil Tanganjikas liegt ein mächtiger, als Zentralgranit bekannter Pluton. Dieser wird petrographisch in fünf Typen unterteilt, deren Altersbeziehungen untereinander nicht sicher bekannt sind, da die ursprünglichen Stoffbestände und Texturen durch Metamorphosen verwischt sind. Im wesentlichen unterscheidet man einen Biotit- und einen Gneis-Granit sowie verschiedene Übergänge, z. B. in Granitgneis. In verschiedenen Teilen des Landes, besonders im Musoma-Goldfeld, liegen größere Inseln des Basement-Komplexes mit algonkischen Sedimenten im Zentralgranit eingebettet. Neben der granitischen Intrusion sind Gabbro- und Aplitintrusionen sowie jüngere kleinere Nachschübe von Diorit, Norit, Pyroxenit und Basalt bekannt.

Gold, dessen Konzentration in Eruptivgesteinen von GREEN (Bull. Geol. Soc. Am., vol. 64) mit 0,079 g/t angegeben wird, wurde vorwiegend mit Quarz und Sulfiden aus den hydrothermalen Restlösungen des Zentralgranites ausgeschieden.

Ein Teil des Goldes kommt in Gold-Quarz-Gängen vor, und zwar an Quarz und Sulfide gebunden. Die Restlösungen imprägnierten ferner Aplitgänge des Zentralgranits sowie das Nebengestein. Dort sind verschiedene gesteinsbildende Minerale die Goldträger (Abb. 4—7). Vielleicht enthielten die Gesteine des Basement-Komplexes bereits vorher Gold in geringeren Mengen. Die mikroskopische Beobachtung, daß in Imprägnationen Gold (Korngrößen < 10 µm) im Ilmenit auftritt, der sich in Paragenese mit goldfreien entmischten Eisen-Titan-Mineralen, Quarz und Sulfiden befindet, läßt die Möglichkeit offen, daß auch Gold bereits vor der Imprägnation in den metamorphen Gesteinen vorlag (s. Abb. 8 u. 9).

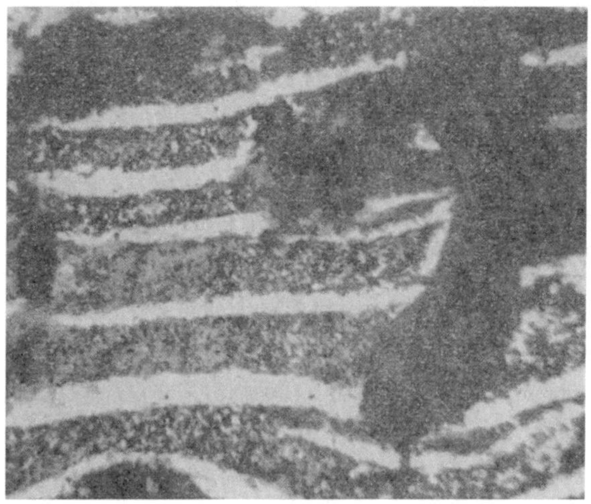

Abb. 8. Magnetit-Ilmenit-Entmischungen im Grünstein

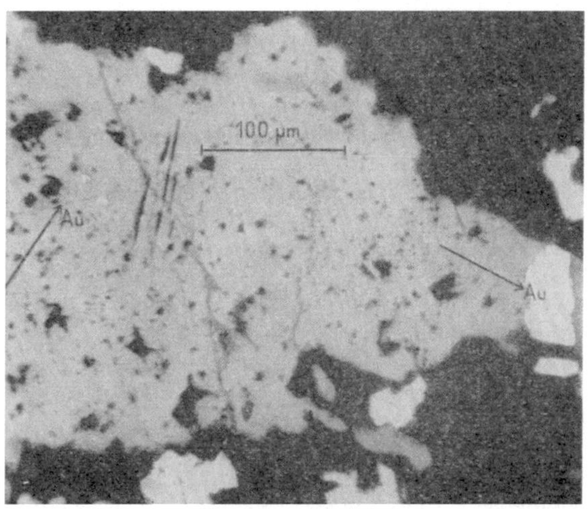

Abb. 9. Feinkörniges Gold (< 5 Mikron) in grobkörnigem Ilmenit

Vererzungen von Bleiglanz-Kupfersulfid-Paragenesen führen vereinzelt in geringen Mengen gediegen Gold. Die Vermutung, daß in den Gängen Goldtelluride auftreten, wurde nur sehr selten durch Funde bestätigt. Die vererzten Schichten des oberen Basement-Komplexes sind verschiedentlich mit den goldführenden Grundschieferdecken von Südrhodesien und den Schichten des Witwatersrands verglichen worden.

Gegenwärtig sind in Tanganjika Goldkonzentrationen der magmatischen Abfolgen vorherrschend. Goldanreicherungen in jüngeren Sedimenten gehen mit seltenen Ausnahmen auf exogene Prozesse zurück. In lateritischen Bindemitteln klastischer Sedimente wurden manchmal höhere Gehalte, aber nur geringe Mengen Gold gefunden. In Flußablagerungen führen Sandaufschüttungen und tonbedeckte Konglomerate vereinzelt fein- und grobkörniges Freigold. Ob die sedimentären Vorkommen im Vergleich zu den magmatogenen in Zukunft an Bedeutung zunehmen werden, kann nur die weitere geologische Erkundung zeigen.

Aussichten auf mögliche Reserven

Da an die Stelle des planlosen Suchens nach Gold in Afrika schon lange die systematische geologische Erkundung getreten ist, werden moderne, komplexe Arbeiten wie geophysikalische und geochemische Untersuchungen, Tiefbohrungen, stratigraphische Kartierungen u. a. durchgeführt. Diese Aufgaben gehören einmal in den Bereich des staatlichen Geological Survey und sodann zu den Belangen der Geologen privater Bergbauunternehmen in ihren Mutungsgebieten. Die Bergbehörde Tanganjikas hält neuerdings Lehrgänge zur Heranbildung von Prospektoren ab. In letzter Zeit wurden durch den staatlichen geologischen Dienst neue Goldvorkommen festgestellt. Das Gebiet ist zum großen Teil gut gangbar, und es existieren bereits umfangreiche topographische Unterlagen. Für die planmäßige Erkundung bestehen trotz erheblicher Verkehrsschwierigkeiten günstige Voraussetzungen: offene Landschaften, teilweise lichte Bewaldungen, geringmächtige Sedimentbedeckung sowie großräumige Ausschnitte der Granitmassive.

Ältere Literaturberichte und Überlieferungen weisen auf manche verlassenen Vorkommen hin. Wenn auch in früheren Jahren die Bauwürdigkeitsgrenzen für verschiedene Vorkommen erreicht wurden, so ist doch nicht geklärt, ob diese sich auch bei Anwendung moderner Technik als tatsächlich erschöpft erweisen würden. Um möglichst billig zu arbeiten, wurden im Stadium der Haupt- und Abbauerkundung Bohrungen teilweise weitmaschig angelegt. Diese Methode reicht in vielen Fällen aus, die wirtschaftlichen Abgrenzungen der Goldmineralisation festzulegen. Der Metallinhalt einer Lagerstätte kann unter solchen Verhältnissen nach den mathematisch-statistischen Gesetzen nur mit größeren Fehlern berechnet werden. Die Bilanz der Metallgewinnung hat verschiedentlich gezeigt, daß Goldvorkommen überbewertet wurden.

In oberflächennahen Abschnitten wurden z. T. recht erhebliche Goldgehalte festgestellt, als man in Zonen sekundärer Anreicherungen abbaute, jedoch sanken mit größerer Teufe diese Gehalte ab. Von alten Gangvorkommen sind nur selten Angaben über die Vererzung in größeren Teufen, über Absätzigkeit u. a. vorhanden. Eine Nacherkundung könnte hier Klarheit schaffen. Beim Typ der Goldimprägnationen in Eruptivgesteinen und metamorphen Schiefern werden dichtere Bohrnetze, zur Erkundung der Gänge und Linsen tiefere Bohrungen notwendig sein.

Auf Grund der Feststellungen hoher Silbergehalte im Gold der ostafrikanischen Vorkommen könnte das Silber als sekundärer Indikator verwendet werden. Ein Silbergehalt von 0,5 g/t ist hier z. B. schon ein Anzeichen wirtschaftlich noch verwertbarer Goldanreicherungen in sauren Eruptiva. Wenn auch moderne chemisch-analytische Methoden den Nachweis kleinster Goldmengen ermöglichen, ist doch Silber weit besser nachweisbar als Gold. Durch Anreicherung läßt sich die Nachweisbarkeit noch erhöhen. Bei mikrochemischen Feldarbeiten sind silberhaltige und -freie Proben leicht unterscheidbar. Auch Kupfer begleitet spurenhaft das Gold und kann daher ebenfalls als indirekter geochemischer Indikator verwendet werden. Voraussetzung ist in beiden Fällen, daß die Elemente einem gemeinsamen Ausgangsmagma und Differentationszyklus entstammen. Bei supergen-syngenetischen verdeckten Vorkommen sind keine großen Dispersionshöfe zu erwarten.

Unter Berücksichtigung hydrogeologischer und geographisch-morphologischer Verhältnisse scheint es möglich, jüngste Seifenvorkommen zu finden. Z. B. führen Senken am Ufer des Viktoriasees Sedimente, die den Goldfeldern entstammen. Meso- und paläozoische Formationen, die am geologischen Aufbau des Landes beteiligt sind, lassen weitere supergene, verdeckte Goldanreicherungen durch marine, fluviatile und eluviale Vorgänge erwarten. Paläogeographische Studien in Sedimentationsräumen in der Nähe goldführender Intrusionen liefern hierzu günstige Anhaltspunkte. Zur Bewertung der Zukunftsaussichten des Bergbaus in bisher unbebauten Gebieten sind, in enger Zusammenarbeit mit der Geophysik, Basisbohrungen von großem Nutzen. Mehr und mehr erkennt man im afrikanischen Erzbergbau die Bedeutung mineralogischer Studien im Stadium der Haupterkundung. Bessere Vorratsklassifikationen auf der Grundlage genauester Kenntnis der technologischen Faktoren sind notwendig. Mit weiteren Lagerstättenfunden kann nur gerechnet werden, wenn Staat und Privatbetriebe, deren Investitionen vom Goldweltmarktpreis abhängig sind, die geologische Forschung intensivieren. Der geologische Bau Tanganjikas läßt keinen zweiten Witwatersrand erwarten, jedoch lassen neue wissenschaftliche Erkenntnisse Rückschlüsse auf bauwürdige Vorkommen zu.

Zusammenfassung

Es wird nach dem jüngsten Stand der Kenntnis über Erschließung und Abbau der Goldlagerstätten in Tanganjika berichtet. Besondere Erwähnung finden die geologisch-technologischen Verhältnisse der wichtigsten Erz- und Lagerstättentypen und die Möglichkeiten der Suche nach verdeckten Vorkommen. Mit der politischen Unabhängigkeit des Landes wurde die Entwicklung seiner nationalen Wirtschaft möglich, dabei wirken als wichtige Faktoren die übernommenen alten Wirtschaftsverhältnisse und die Pläne des jungen Staates auf die Weiterentwicklung des Goldbergbaus.

Резюме

Дается оценка новейшего уровня знаний об освоении и разработке месторождений золота в Танганьике. Особое внимание уделяется геолого-технологическим условиям главных типов руд и месторождений и возможности поисков перекрытых проявлений. Политическая независимость страны способствовала развитию национального хозяйства; при этом унаследованные старые хозяйственные отношения и планы молодого государства, как важные факторы, влияют на дальнейшее развитие добычи золота.

Summary

An evaluation is given of the current status of knowledge concerning the exploration and mining of gold deposits in Tanganyika, mentioning above all the geological-technological conditions of the most important ore and deposit types, as well as the possibilities of prospecting for covered occurrences. The political independence of the country enabled to develop her national economy. Important factors influencing it include the old economic conditions, which were adopted, and the plans of the young state for a further development of gold mining.

Literatur

BEHREND, F.: Die Stratigraphie des östlichen Zentralafrika. – Beitr. z. geol. Erforsch. d. dtsch. Schgb., Heft 15, Berlin 1918.

EADES, N.W.: The Geology of the Iramba-Plateau. – Tang. Terr. Geol., Div. Sh. P., Nr. 5, 1936.

GALLAGHER, D.: A preliminary account of the geology of a portion of the Lupa-Goldfield. – Econ. Geol., S. 243, 1939.

GRANTHAM, D. R.: Lupa-Goldfield. – Tang. Terr. Geol. Surv., Bull. 3, 1932.

GRIMMER, A.: Geologische Exkursionen im südlichen, mittleren und nördlichen Tanganjika. – Unveröffentlichter Bericht 1960.

– Mineralogisch-aufbereitungstechnische und lagerstättenkundliche Untersuchungen im Musomagoldfeld Tanganjikas. – Unveröffentlichter Bericht 1960.

KITSON, A. E.: First Report on the Kakamega Goldfield. – Min. Journ., London 1932.

ROBERTS, R. O.: Mwanza Goldfield Geology. – Min. Mag., März 1937.

STOCKLEY, G. M.: Geology of the South and South-Eastern Region of the Musoma District. – Tang. Terr. Geol. Surv., Sh. P., Nr. 13, 1937.

– Outline of the geology of the Uruwira mineral field. – Tang. Terr. Geol. Surv., Sh. P., Nr. 22, 1939.

TEALE, E. O.: Provisional geological Map of Tanganjika, with explanatory notes. – Tang. Terr. Geol. Div. Bull., 6, 1936.

WADE, F. B.: A stratigraphical classification and table of Tanganjika-Territory. – Tang. Terr. Geol. Div. Bull., 9, 1937.

The Mining Journal, Annual Review, London E. C. 2, 1961 u. 1962.

Die Definition der Halleschen Schichten[1]

ARIBERT KAMPE & REINHARD KUNERT, Halle

(Veröffentlichung aus dem Zentralen Geologischen Institut, Berlin, und dem VEB Geologische Erkundung West, Halle)

Die roten terrestrischen, überwiegend fossilleeren Schichten im östlichen Harzvorland wurden im wesentlichen nach lithologischen Merkmalen untergliedert und mit Lokalnamen bezeichnet.

H. LASPEYRES (1875) führte den ersten Lokalnamen für eine lithologische Einheit ein, indem er den Begriff „Zone der Mansfelder Schichten“ prägte. K. v. FRITSCH (1888) fügte die Begriffe „Wettiner und Grillenberger Schichten“ hinzu. Auch die Bezeichnungen „Sennewitzer Schichten“ (R. HERRMANN 1926), „Hornburger Schichten“ (E. SCHROEDER 1935) und „Eislebener Schichten“ (S. SCHIEMENZ 1953) für bestimmte lithologische Einheiten im östlichen Harzvorland haben sich inzwischen eingebürgert.

Das tiefere Unterrotliegende des Halleschen Permokarbonkomplexes besitzt noch keine Lokalbezeichnung. Die Bildungen des Unterrotliegenden liegen auf den stephanischen Wettiner Schichten und lassen sich gegen diese sowohl floristisch als auch petrographisch gut abgrenzen. Ihre stratigraphische Einstufung in das Unterrotliegende ist so eindeutig, daß bis jetzt von einer besonderen Benennung abgesehen wurde. Die Verwendung der Begriffe „Zwischenbildung“ von W. v. VELTHEIM (1821–1829; 1940) bzw. „Zwischensediment“ von J. WEIGELT (1920) für das Unterrotliegende ist, wie bereits von W. REMY & A. KAMPE (1961, S. 400) nachgewiesen wurde, nicht mehr angebracht.

Durch die neueren Arbeiten von GALLWITZ (1956) und E. v. HOYNINGEN-HUENE (1960) wurden die bis dahin zum Oberrotliegenden gerechneten Hornburger Schichten ganz oder teilweise ins Unterrotliegende eingestuft. Dadurch ist der alte lithologische Begriff „Hallesches Unterrotliegendes“ am östlichen Harzvorland nicht mehr identisch mit dem stratigraphischen Begriff „Unterrotliegendes“, zumal ja auch die Sennewitzer Schichten zum Unterrotliegenden gehören.

Aus dieser Entwicklung ergab sich der Wunsch, die lithologischen Komplexe eindeutig und einheitlich zu kennzeichnen, ohne daß die Diskussion über die Einstufung in die Zeitskala erschwert wird.

In Übereinstimmung mit den Kollegen Dr. E. v. HOYNINGEN, W. KNOTH und Dr. M. SCHWAB wird vorgeschlagen, das Unterrotliegende im Halleschen Permokarbonkomplex als „Hallesche Schichten“ zu bezeichnen. Die Halleschen Schichten entsprechen dem Autunien$_1$ (Au$_1$) von W. REMY & A. KAMPE (1961, S. 399–402), so daß die dort für das Autunien$_1$ gegebene Abgrenzung und Definition für die Halleschen Schichten übernommen werden können.

Die Untergrenze der Halleschen Schichten gegen die stephanischen Wettiner Schichten ist durch das tiefste Auftreten von *Callipteris conferta* und *C. naumanni* gekennzeichnet. Die Obergrenze bildet der Petersberger (Obere Hallesche) Porphyr.

Stratigraphische Abfolge im halleschen Permokarbonkomplex:

Unterrotliegendes	Sennewitzer Schichten	(Autunien$_1$)[2]
	Petersberger Porphyr	
	Hallesche Schichten	(Autunien$_1$)[2]
Stephan	Wettiner Schichten	(höheres Stéphanien)[2]
	Mansfelder Schichten	(tieferes Stéphanien)[2]

Zusammenfassung

Das Mitteldeutsche Unterperm und Oberkarbon sind bis auf das Hallesche Unterrotliegende nach Lokalnamen geglie-

[1]) Eingang des Manuskripts in der Redaktion: 9. 9. 1963.

[2]) Im Sinne von W. REMY & A. KAMPE (1961).

dert. Durch die in diesem Beitrag erfolgte Bezeichnung und Definition der Halleschen Schichten wird die bisher vorhandene Lücke geschlossen.

Резюме

Среднегерманские нижняя пермь и верхний карбон, кроме галлеского нижнего красного лежня, подразделяются по местным названиям. Зафиксированное в данной статье наименование и определение Галлеских слошев устраняет этот пробел.

Summary

Except for the Lower New Red Sandstone of Halle, the Lower Permian and upper Carboniferous of Central Germany is classified according to local names. The present article fills the gap so far existing in the designation and definition of the strata of Halle.

Literatur

FREIESLEBEN, J. C.: Geognostischer Beitrag zur Kenntnis des Kupferschiefergebirges mit besonderer Hinsicht auf einen Teil der Grafschaft Mansfeld und Thüringens. – Freiberg (Sa.) 1807–1815.

FRITSCH, K. v.: Das Saalthal zwischen Wettin und Cönnern. – Z. f. Naturwiss., 4. Folge, 61, Halle 1888.

GALLWITZ, H.: Das Rotliegende der Mansfelder Mulde und die saalische Diskordanz. – Hall. Jb. f. Mitteldeutsche Erdgesch., 2, 3. Lief., S. 131 bis 141, Halle 1956.

HERRMANN, R.: Aufbau und Entwicklungsgeschichte der Halle–Hettstedter Gebirgsbrücke. – Jb. Hallesch. Verb., 5, S. 12–57, Halle 1926.

HOYNINGEN-HUENE, E. v.: Das Permokarbon im östlichen Harzvorland. – Freiberger Forsch.-H., C 93, Berlin 1960.

LASPEYRES, H.: Geognostische Darstellung des Steinkohlengebirges und Rotliegenden in der Gegend von Halle an der Saale (nördlich). – Abh. z. Geol. Spezialkarte v. Preußen u. Thür. Staaten, 1, H. 3, S. 261–603, Berlin 1875.

REMY, W. & A. KAMPE: Ausbildung und Abgrenzung des Autunien in der Halleschen Mulde. – Mbr. Deutsch. Akad. Wiss. Berlin, 3, H. 7/8, S. 394–408, Berlin 1961.

SCHIEMENZ, S.: Schotteranalyse des Porphyrkonglomerates im oberen Rotliegenden des östlichen Harzvorlandes. – Hall. Jb. f. Mitteldeutsche Erdgesch., 2, 1. Lief., S. 3–27, Halle 1953.

SCHROEDER, E.: Sedimentation und Tektonik im Jungpaläozoikum am östlichen Harzrand und in den Nachbargebieten. – Jb. preuß. geol. Landesanst. f. 1934, 55, S. 168–197, Berlin 1935.

VELTHEIM, W. v.: Geognostische Betrachtung der alten Sandsteinformation am Harz und in den nördlich und östlich davon belegenen Landstrichen. – Mskr. 1821–1829, Jb. Hallesch. Verb., N. F., 18, S. 15 bis 292, Halle 1940 (bearb. v. H. FREYDANK).

WEIGELT, J.: Die Mitteldeutschen Steinkohlenablagerungen. – Jb. Hallesch. Verb., 2, S. 1–49, Halle 1920.

Grundsätze zur Bewertung von Lagerstätten[1]

N. W. WOLODOMONOW, Moskau

Die in dieser Arbeit behandelten Probleme wurden in der Vergangenheit wiederholt auf den Seiten dieser Zeitschrift diskutiert. F. STAMMBERGER hat sich mit ihnen in seiner Arbeit „Zur ökonomischen Bewertung von Lagerstätten nutzbarer Rohstoffe" kritisch beschäftigt. Die Problematik des Themas verdient weitere Arbeiten auf diesem Gebiet.

Die Redaktion

Das hohe Tempo bei der Entwicklung der Bergbauindustrie und die in breitem Maßstabe durchgeführte geologische Erkundung in der UdSSR geben den Fragen der Einschätzung von Lagerstätten eine besonders große praktische Bedeutung. Das Fehlen von allgemein anerkannten Prinzipien und das noch nicht gelöste Problem der Methodik der Bewertung von Lagerstätten unter den Bedingungen der sozialistischen Planwirtschaft führen zu den verschiedensten Ansichten in diesen Fragen und sind verbunden mit den verschiedensten Fehlern in der Praxis.

Gegenwärtig sind einige Forscher der Meinung, daß in der UdSSR der Begriff „Geldwert" von Lagerstätten nicht anwendbar ist, da sie (die Lagerstätten) nicht Objekt von Kauf und Verkauf sind. Anstelle des Geldwertes schlagen sie vor, anhand von für die Lagerstätte charakteristischen Faktoren deren volkswirtschaftliche und industrielle Bedeutung zu bestimmen. Solch ein Herangehen kann das Problem nicht lösen, es bedeutet, daß die Bewertung von Lagerstätten ersetzt wird durch ihre Charakteristik, welche aber im besten Fall nur als Material für ihre Bewertung dienen kann.

Andere Forscher schlagen vor, bei der Bewertung von Lagerstätten vom Prinzip der Zinseszinsrechnung des zukünftigen Reingewinns bei der Förderung auszugehen, so wie es gehandhabt wird beim Kauf und Verkauf von Lagerstätten in einigen kapitalistischen Ländern.

Wie bekannt, dient Geld als Wertmaß, als Zahlungsmittel u. a. Der Geldwert von Lagerstätten kann und muß in der UdSSR auf der Funktion des Geldes als Wertmaß gegründet sein und nicht auf der Funktion des Geldes als Zahlungsmittel (Lagerstätten werden weder ver- noch gekauft). Obwohl eine Lagerstätte selbst keinen Wert hat, so drücken sich doch in den Selbstkosten des Produkts alle ökonomisch-geographischen und ökonomisch-geologischen Besonderheiten der Lagerstätte aus. Das Prinzip der Zinseszinsrechnung jedoch kann in der UdSSR nicht angewandt werden, da in bezug auf Lagerstätten Geld nicht die Rolle eines Zahlungsmittels spielt.

Somit kann man zu zwei wichtigen Schlußfolgerungen kommen: erstens der Möglichkeit der Bewertung von Lagerstätten durch ihren Geldwert in der UdSSR, und zweitens der Unmöglichkeit der Anwendung der Zinseszinsrechnung im Hinblick auf den zukünftigen Reingewinn durch den Abbau unter den Bedingungen der sozialistischen Planwirtschaft.

Ebenfalls auf dem Holzwege befinden sich diejenigen Forscher, die vorschlagen, als Grundlage für die Bewertung von Lagerstätten die Abgabepreise in der Bergbauindustrie zu nehmen. Wie bekannt, werden in der UdSSR die Abgabepreise für die Erzeugnisse der Schwerindustrie auf der Grundlage der durchschnittlichen Selbstkosten des Produkts in den einzelnen Industriezweigen festgelegt. Aber in der Bergbauindustrie unterscheiden sich infolge der grundlegenden qualitativen Unterschiede der Lagerstätten der verschiedenen nutzbaren Rohstoffe die mittleren (durchschnittlichen) Selbstkosten eines bestimmten Produkts grundlegend von den hohen und niedrigen Selbstkosten in den einzelnen Betrieben. Auf der Grundlage solcher mittleren Preise sind viele Bergbaubetriebe planmäßig Zuschußbetriebe, aber bei der Bewertung neuer Lagerstätten wären viele von ihnen nicht richtig eingeschätzt.

Das Problem der Bewertung von Lagerstätten kann gelöst werden durch die Einführung einer einheitlichen

[1]) Aus: „Iswestija wssschich utschebnych sawedenij. Geologija i raswedka", Nr. 7 (1963), Verl. Moskowskij geologoraswedotschnij institut im. S. Ordshonikidse. Übers.: G. MOLLE

synthetischen Kennziffer, die alle ökonomischen Besonderheiten der Lagerstätte berücksichtigt. Dabei kann man von drei Faktoren ausgehen: den berechneten Vorräten der Lagerstätte, den Selbstkosten bei der Förderung und der Effektivität der notwendigen Investitionen. Dieser Weg wurde noch im Jahre 1938 beschritten. Damals wurde von uns die Zusammenfassung (Synthese) von zwei Kennziffern vorgeschlagen: die Menge der Vorräte und die Selbstkosten des Förderprodukts in Form der ökonomischen Klassifikation der Vorräte und des Begriffs der möglichen Selbstkosten. Die spätere (1946) Einführung des Begriffs der Bergwerksrente machte es möglich, eine dritte Kennziffer einzuschließen und diese Synthese zu vollenden durch den Begriff der Rückerstattungsfrist der Investitionen durch die Bergwerksrente, welche man als Kennziffer der Effektivität der Investitionen in der Bergbauindustrie betrachten kann.

Die Bergwerksrente ist das Mehrprodukt, ein zusätzliches Produkt(=Gewinn), welches infolge der erhöhten Arbeitsproduktivität beim Abbau besonders guter Lagerstätten und einzelner Abbaublöcke entsteht. Unter den Bedingungen der sozialistischen Planwirtschaft wird die Bergwerksrente berechnet auf der Basis der möglichen Selbstkosten des Produkts. Als mögliche Selbstkosten bezeichnen wir die höchstzulässigen Selbstkosten des Produkts aus den „schlechten" Blöcken oder aus deren Teilen in den Lagerstätten. Die möglichen Selbstkosten müssen grundsätzlich einheitlich für jedes Produkt sein.

Wenn auf einer Lagerstätte Blöcke abgebaut werden mit Selbstkosten bis zu 1000 Rbl. je t Metall, auf einer anderen Lagerstätte aber der Abbau desselben Metalls bei Selbstkosten von 800 Rbl. je t eingestellt wird, so wird auf der letzten Lagerstätte Metall in der Erde gelassen, das billiger wäre als das Metall, das auf der ersten Lagerstätte gefördert wird. Das ist unökonomisch und nicht zulässig.

In der Praxis gibt es nicht wenig Fälle. daß auf einer Lagerstätte Metall gefördert wird mit Selbstkosten, die bedeutend höher sind als die Selbstkosten, bei denen auf einer anderen Lagerstätte das Metall in der Erde gelassen wird. Solche volkswirtschaftlich schädlichen Erscheinungen können nur deshalb auftreten, weil in der Regel in den Bergbaubetrieben die tatsächlich zulässigen Selbstkosten nicht bekannt sind und nicht bestimmt werden, vielmehr die Berechnungen auf mittleren Werten aufgebaut und die zulässigen Grenzen des Metallgehalts im Erzkörper oft nicht richtig bestimmt werden. Nur für wenig transportierbare Bodenschätze (Kohle, Nichtmetalle) ist es zulässig, die grundsätzlich einheitlichen zulässigen Selbstkosten nach den ökonomischen Gebieten zu differenzieren. Für einige seltene Metalle und Buntmetalle sollten die zulässigen Selbstkosten gleich dem doppelten Abgabepreis für diese Metalle sein (das ist das Maximum!)

Wenn für einen bestimmten nutzbaren Rohstoff die zulässigen Selbstkosten einheitlich bestimmt sind, so kann ausgehend von den berechneten Vorräten und den zulässigen Selbstkosten des Förderprodukts nach folgender Formel der Wert der Bergwerksrente für die Lagerstätte bestimmt werden:

$$v = \sum (Q - q)\, R\, \pi\, \varrho\, \varphi$$

v — Bergwerksrente, ausgedrückt in Rbl.
Q — zulässige Selbstkosten des Produktes Rbl. je t
q — Selbstkosten, bestimmt für die einzelnen Blöcke
R — berechnete Vorräte der einzelnen Blöcke
π — Ausbringe-Koeffizient der Nutzkomponente bei der Förderung
ϱ — dasselbe bei der Aufbereitung
φ — dasselbe bei der metallurgischen Verarbeitung

Wenn in einem Block $q > Q$ ist, wird die Größe negativ, was bedeutet, daß der Block unwirtschaftlich ist.

Die Höhe der Bergwerksrente für eine Lagerstätte ist für sie die in Geld ausgedrückte Bewertung. Sie zeigt die finanzielle Einsparung, die erreicht wird beim Abbau dieser Lagerstätte im Vergleich zur Arbeit, die nötig wäre bei der Gewinnung derselben Menge Metall aus einer Lagerstätte, die nur aus ungünstigen Blöcken besteht, wobei dort das Metall gerade noch mit den zulässigen Selbstkosten gefördert wird.

Dem Geldwert der Bergwerksrente entspricht ihre naturale Größe, das Mehrprodukt. Somit wird das Gesamtprodukt, d. h. die gewonnenen Vorräte der Lagerstätte, unterteilt in Minimalprodukt und Mehrprodukt. Das Verhältnis von Mehrprodukt zum Minimalprodukt drückt die Höhe der Bergwerksrente für eine Lagerstätte aus. Dieses Verhältnis hat eine große Bedeutung bei der Einschätzung der Qualität (des Reichtums) einer Lagerstätte.

Ebenfalls sehr große Bedeutung bei der Bewertung von Lagerstätten hat der Faktor Zeit, der ausgedrückt wird durch das Verhältnis der Investitionen zur Bergwerksrente. Durch die Anwendung des zur wirtschaftlichen Rechnungsführung gehörenden Prinzips der Rückerstattungsfrist in der Bergbauindustrie bekommen wir die Kennziffer „Rückerstattungsfrist der Investitionen durch die Bergwerksrente". Diese Kennziffer wird nach der Formel bestimmt:

$$\varepsilon = \frac{K}{P\,(Q - q)}$$

ε — Rückerstattungsfrist der Investitionen in Jahren
K — Gesamtsumme der Investitionen Rbl.
P — Jahresproduktion des Betriebes t
Q — zulässige Selbstkosten Rbl. je t
q — Selbstkosten im Betrieb (Rbl. je t)

Ein Beispiel: Die Gesamtsumme der Investitionen, die nötig sind für den Abbau einer Quecksilberlagerstätte durch einen Betrieb mit einer Jahresproduktivität von 250 t Metall beträgt 3 Mill. Rbl., die zulässigen Selbstkosten für eine t Quecksilber seien bedingt festgelegt in Höhe 1,5 des Abgabepreises, d. h. 15000 Rbl.; die Selbstkosten, die dem Betrieb beim Abbau von einer Tonne Quecksilber entstehen, betragen 12000 Rbl. Dann ist die Rückerstattungsfrist der Investitionen durch die Bergwerksrente gleich

$$\varepsilon = \frac{3\,000\,000}{250\,(15\,000 - 12\,000)} = 4{,}0 \text{ Jahre}$$

Wären die Berechnungen aber nach dem Abgabepreis für Quecksilber (10000 R/t) angestellt worden, so wäre die Lagerstätte als unrentabel bezeichnet worden oder die Bilanzvorräte wären viel geringer, was natürlich nicht den Tatsachen entspricht. Dieses Zahlenbeispiel illustriert die Formel. Der Nenner der Formel drückt die Jahresproduktion der Bergwerksrente durch den Betrieb aus. Im Laufe von vier Jahren deckt diese Produktion die Investitionen. Mit anderen Worten, der Betrieb erstattet sie dem Staat zurück in Form von Einsparungen, die erzielt werden beim Abbau der guten (nicht der zum Verschneiden dienenden) Blöcke. In reichen Lagerstätten von Gold, Diamanten und anderen wertvollen Bodenschätzen können die Investitionen sehr schnell durch die Bergwerksrente zurückerstattet werden, in einzelnen Fällen sogar in weniger als einem Jahr.

Außer der Rückerstattungsfrist der Investitionen durch die Bergwerksrente haben große Bedeutung für die Bewertung von Lagerstätten die Gesamthöhe der Bergwerksrente, bestimmt auf der Grundlage der berechneten Vorräte der Lagerstätte, und das Gesamtprodukt der Lagerstätte (d. h. die ökonomisch gewinnbaren Vorräte). Jede von diesen Kennziffern der Bergwerksrente wie auch selbst der Begriff der Bergwerksrente stellt eine Synthese aller ökonomisch-geographischen und ökonomisch-geologischen Besonderheiten der Lagerstätte dar. Diese Synthese läßt die Möglichkeit einer eindeutigen Antwort beim Vergleich von Lagerstätten und beim Aufstellen der Reihenfolge des Abbaus zu.

Die wichtigste praktische Aufgabe für die nächste Zeit ist das Aufstellen von Normen der zulässigen Selbstkosten für die einzelnen nutzbaren Rohstoffe. Das ist auch notwendig für die richtige Berechnung von Schwellen- und Bortgehalten der nutzbaren Komponenten im Erzkörper.

Die erste Etappe auf diesem Weg besteht in der Ausgleichung der faktisch zulässigen Selbstkosten durch entsprechende Veränderungen in den Bortgehalten für die einzelnen Förderobjekte. Als Grundlage für die Ausgleichung sollten die faktisch zulässigen Selbstkosten des Produkts in den Hauptbetrieben jedes Industriezweigs dienen.

Nachdem auf diese Art für die einzelnen nutzbaren Rohstoffe einheitliche mögliche Selbstkosten festgelegt worden sind, muß man untersuchen, ob sie mit den Interessen der Volkswirtschaft übereinstimmen. Um diese Frage zu lösen, muß eine Bilanz der Versorgung jedes Industriezweigs mit Vorräten zusammengestellt und analysiert werden. Bei einer Defizitbilanz an Vorräten können die möglichen Selbstkosten erhöht werden, was zur Verringerung der Schwellenwerte für Gehalt, Mächtigkeit u. a. und zur Überführung einiger Teile der Außerbilanzvorräte in Bilanzvorräte führt.

Bei einer befriedigenden Bilanz an Vorräten können die zulässigen Selbstkosten niedriger festgelegt werden, was zu einer Erhöhung der Schwellenwerte und zur Überführung wenig wertvoller Vorräte aus den Bilanz- in die Außerbilanzvorräte führt. Doch damit ist die ökonomische Kontrolle der einheitlich festgelegten zulässigen Selbstkosten noch nicht beendet: Man muß noch die Preise der einzelnen Bodenschätze auf dem Weltmarkt sowie die Anwendung von Ersatzstoffen berücksichtigen. Aus all dem ist ersichtlich, daß die Bergwerksrente, die auf der Grundlage ausgeglichener und ökonomisch überprüfter Selbstkosten berechnet wurde (und damit auch die Bewertung der Lagerstätte) den Interessen der Volkswirtschaft entsprechen wird.

Eine große Bedeutung wird diese Maßnahme im Kampf mit Verlusten an Bodenschätzen haben. Gegenwärtig können infolge des Fehlens einer einheitlichen Methodik bei der Bestimmung der Schwellengehalte und ihrer möglichen subjektiven Berechnung örtlich Tendenzen entstehen, die Planziffern der Betriebe durch Erhöhung der Grenzwerte zu verbessern und die Lagerstätten nicht richtig auszubeuten. Diese Verluste, die wir als ökonomische bezeichnen, werden formal durch Berechnungen gerechtfertigt, tragen jedoch subjektiven Charakter und basieren gewöhnlich auf Durchschnittsziffern. Solch ein schädliches örtliches Herangehen an die Ausnutzung der Naturreichtümer kann man nur kontrollieren und klarstellen durch eine ökonomische Analyse auf der Grundlage einheitlich festgelegter zulässiger Selbstkosten. Einen anderen Weg im Kampf mit Verlusten an anstehenden nutzbaren Rohstoffen gibt es nicht.

Praktische Auswahl der Tone für Bohrspülungen[1)]

Bruno Heyne, Gommern

Einleitung

Für den bohrtechnischen Ablauf der geologischen Erkundung von Lagerstätten ist eine Bohrspülung erforderlich. Als Transportmittel für das Bohrklein, als Kühlmittel für die Bohrgarnitur, zur Stabilisierung der Bohrlochwandungen und zur Erzeugung eines Gegendrucks beim Durchteufen von Schichten hohen Drucks kann die Spülung aus einer Flüssigkeit — zumeist aus einer Ton-Wasser-Suspension — oder aus einem Gasgemisch (Luftspülung) bestehen.

Anforderungen an Tone für Bohrspülungen

An die Tone für Bohrspülungen müssen ganz besondere Anforderungen gestellt werden, damit sie in Verbindung mit Wasser die erforderlichen Spülungseigenschaften haben. Die Tone sollen eine hohe Quellfähigkeit und ein hohes Wasserbindevermögen (das 20fache des Trockenvolumens) sowie ausreichende Plastizitätseigenschaften aufweisen.

Zur Klärung der Tonstruktur sind Röntgen- und DTA-Analysen erforderlich, sie bilden aber im Bereich der Spülungsuntersuchungen nur die grundlegende Qualitätseingliederung vom Montmorillonit über den Illit zum Kaolin, der für Spülungen ungeeignet ist.

Für die Laborversuche werden mit destilliertem Wasser Tonaufschlämmungen bei verschiedenen Tonkonzentrationen hergestellt. Nach einer festgelegten Quell- und Rührzeit von zwei Tagen kann die Spülung gemessen werden. Zur Charakterisierung werden folgende Komponenten aufgenommen:

1) Eingang des Manuskripts in der Redaktion: 23. 3. 1963

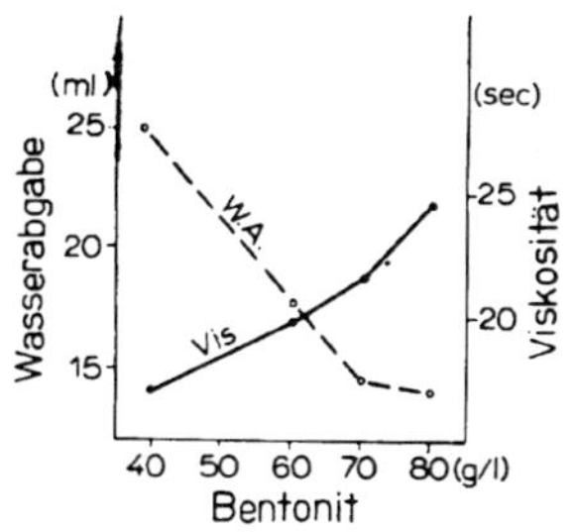

Abb. 1. Abhängigkeit der Wasserabgabe und Viskosität von der Bentonitmenge in der Bentonitgrundspülung

Dichte (1,05—1,2 g/cm³)
Viskosität (20—35 sec)
Thixotropie (5—80 dyn/cm²)
Wasserabgabe in einer Filterpresse über 30 min bei 7 atu Krustenstärke, pH-Wert, Sandgehalt und Stabilität

Gute Tone sollen mit geringen Feststoffmengen in Spülungen die geforderten Meßwerte ergeben. Um den optimalen Einsatz und eine Eingliederung der Tone, besonders der illitischen Mischtone, die starken Schwankungen unterworfen sind, vorzunehmen, wurde im Zentralen Spülungslabor des VEB Erdöl- und Erdgaskombinat ein spezielles Untersuchungsprogramm zur Beurteilung der Tonqualität aufgestellt.

Bentonitspülungen

Grundsätzlich werden Bentonite mit ihrem hohen Montmorillonitgehalt bevorzugt als Grundsubstanz in Bohrspülungen eingesetzt. Der natürlich vorkommende Na-Bentonit ist das geeignetste Material, das ohne vorherige chemische Behandlung zum Einsatz kommt. Der häufiger vorkommende Ca-Bentonit ist in seiner vorliegenden Struktur als Grundsubstanz für Bohrspülungen nicht geeignet, sondern kann durch sein hohes Ionenaustauschvermögen zu einem Na-Bentonit umgebrochen werden.

Aus dem ungarischen Bentonit „F" (ein umgebrochener Na-Bentonit) wurden Spülungen mit 40—80 g Bentonit/l destilliertem Wasser hergestellt. Abb. 1 zeigt die Wasserabgabe- und Viskositätswerte dieser Meßreihe. Bei einem Feststoffgehalt von 7% Bentonit ist der günstigste Wasserabgabewert erreicht. Eine Erhöhung der Betonitmenge bringt keine wesentliche Senkung der Wasserabgabe, sondern nur eine Viskositätserhöhung. Weitere Meßwerte sind: Dichte = 1,05 g/cm³; Kruste = 1 mm; pH = 7—9; Schubspannung τ_0 = 35 dyn/cm²; τ_{10} = 75 dyn/cm²; Thixotropie = 35 dyn/cm²; Stabilität und Sandgehalt sind gleich 0. Der ungarische Bentonit „F" wird demnach in normalen Spülungen mit 7% eingesetzt, da diese Durchschnittswerte den Anforderungen an eine Grundspülung entsprechen.

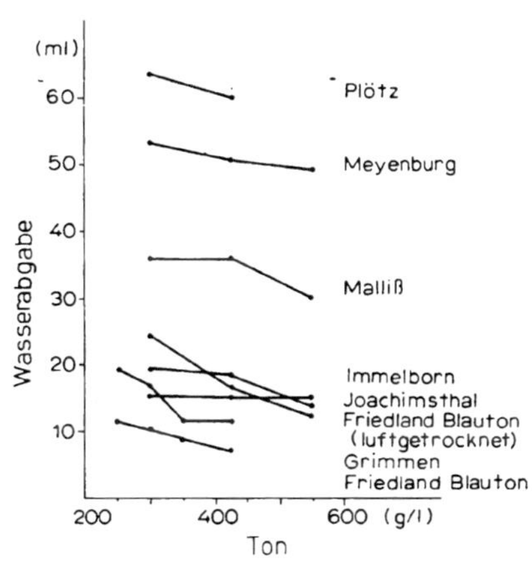

Abb. 2. Abhängigkeit der Wasserabgabe vom Tonzusatz verschiedener Herkunft

Obwohl Na-Bentonite auch alle Voraussetzungen für eine günstige Spülungsbehandlung erfüllen, müssen noch illitische Tone für Bohrspülungen mit herangezogen werden.

Naturtone

Im Gegensatz zu den chemisch bearbeiteten Bentoniten können Illite ohne jegliche Bearbeitung als Natur- und Frischtone eingesetzt werden. Zumeist bildet sich

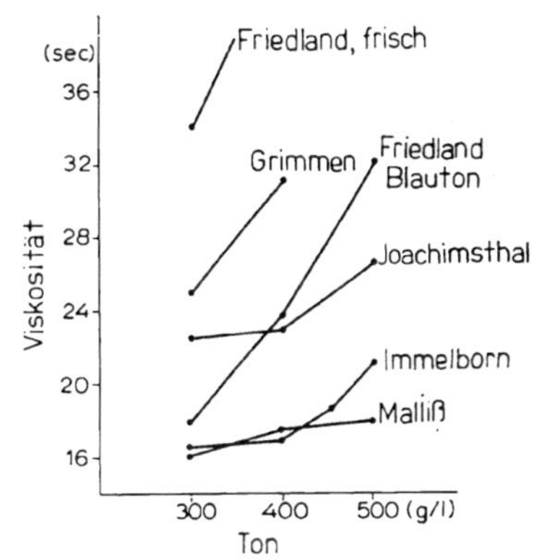

Abb. 3. Abhängigkeit der Viskosität vom Tonzusatz verschiedener Herkunft

auch beim Bohrbeginn aus den Tonschichten eine Tonspülung, die teilweise ähnliche Spülungsmeßwerte wie eine Bentonitspülung, nur mit höherem Feststoffgehalt, erlangt. Die in ihrer Qualität sehr stark schwankenden Materialien können wohl nach ihrer Struktur, der chemischen Zusammensetzung, den Enslin- und Plastizitätswerten und der Schlämmanalyse charakterisiert werden, von entscheidender Bedeutung ist aber wieder das Verhalten der Tone in Wasseraufschlämmungen.

Die speziellen Messungen sind bereits oben angeführt, die Viskositätsmessung erfolgt mit einem Auslaufviskosimeter (15 sec = 1 cP, GOST-Norm), die Thixotropiemessung nach dem erweiterten Prinzip von PETERS. Alle Meßwerte, insgesamt betrachtet, bilden die Beurteilungsgrundlage der jeweiligen Spülung, und nun kann durch die Variation der Feststoffmenge, wie beim Bentonit demonstriert, eine Veränderung erfolgen. Es werden folgende Untersuchungen vorgenommen:

1. Herstellung von Grundspülungen mit verschiedenen Mengen Ton, und zwar 100 bis 500 g Ton/l destilliertem Wasser, und Charakterisierung der günstigsten Feststoffmenge aus dieser Reihe.

2. Verbesserung der Grundspülung bei konstantem Feststoffgehalt durch Sodazusatz von 0,25—0,5%; also eine Form der Umbruchverbesserung wie beim Ca-Bentonit.
3. Verhalten der Spülung bei 120°C im Autoklaven über 8 Stunden.
4. Variierende Zugabe von Schutzkolloiden und Elektrolyten.

Untersuchungen an verschiedensten Tonen aus den Bohrgebieten der DDR ergeben eine klare Differenzierung der einzelnen Tone, wie sie Abb. 2 und 3 zeigen. Bei der Aufnahme der Abhängigkeit der Wasserabgabe (Abb. 2) von Tonsubstanzen verschiedener Herkunft liegen die Spülungen mit Friedländer, Immelborner und Joachimstaler Ton unter 20 ml bei 300 g/l Wasser. Beim Friedländer Blautonmehl ist auch noch bei geringeren Feststoffmengen (bis unter 20%) ein gutes Wasserbindevermögen vorhanden.

Aus dem Viskositätsverlauf (Abb. 3) der einzelnen Spülungen bei steigender Tonkonzentration ist das Quellvermögen bzw. die Dispergierbarkeit abzulesen. Gute Tone, wie der Friedländer Blauton, haben hohe Viskositäten (über 25 sec) und Thixotropiewerte. Materialien, die bei einem Feststoffgehalt von 40—45% noch unter 20 sec liegen, wie der Meyenburger, Eisenberger und Plötzer Ton, eignen sich in der vorliegenden Form nicht als Spülungstone. Sehr nachteilig wirkt sich der hohe Feststoffgehalt der Naturtonspülung im bohrtechnischen Ablauf aus, da eine Dichteerhöhung und eine starke Krustenbildung auftreten.

Ionenaustausch

Die Veränderungen der Spülungseigenschaften durch Ionenaustausch am Ton werden praktisch in der Spülung durch Sodazusatz getestet. Zur Grundspülung werden 2,5 und 5 g Soda/l zugesetzt, und nach 24 Std. erfolgt die Aufnahme der Spülungsmeßwerte. Außer bei dem Mallisser Ton, wo eine Verbesserung der Wasserabgabe eintritt (siehe Abb. 4), sind bei den vorliegenden illitischen Tonen keine merklichen Veränderungen zu verzeichnen, d. h., es ist nur eine geringe Austauschkapazität vorhanden.

Die Tonproben aus den Bertzdorf- und Radgendorf-Bohrungen sowie die Probe der Feldspatschlämme von Neuhaus-Schierschnitz ergeben dagegen merkliche Veränderungen in ihrem Spülungsverhalten bei Sodabehandlung. Die Wasserabgabe sinkt bei der Tonprobe aus Neuhaus-Schierschnitz von 40 auf 28 und 16 ml bei 5%iger Sodazugabe zur Spülung. Nach einer ersten Auswahl aller Bertzdorf-Proben wurden mit der Probe 4/60 (Teufe 43,5—50 m) Umbruchversuche vorgenommen. Die zerkleinerte Tonprobe wurde mit 150 g Ton/l Wasser zu einer Paste angerührt. Die nach einem Tage daraus mit 15% Ton angesetzte Spülung hatte eine nicht meßbar hohe Viskosität und 16,5 ml Wasserabgabe; vor dem Umbruch dagegen betrug die Viskosität 16,5 sec und die Wasserabgabe 40 ml. Nach einer 24stündigen Trocknung bei 220—240 °C und anschließender Aufschlämmung ergeben sich folgende Meßwerte: Viskosität 20,3 sec; Wasserabgabe 18 ml. Messungen mit 8%igen Tonspülungen statt 15% Feststoffgehalt ergeben keine merklichen Veränderungen im Gesamtverhalten der Spülung, so daß es sich hier um Bentonite handeln muß. Somit ist durch die Sodabehandlung

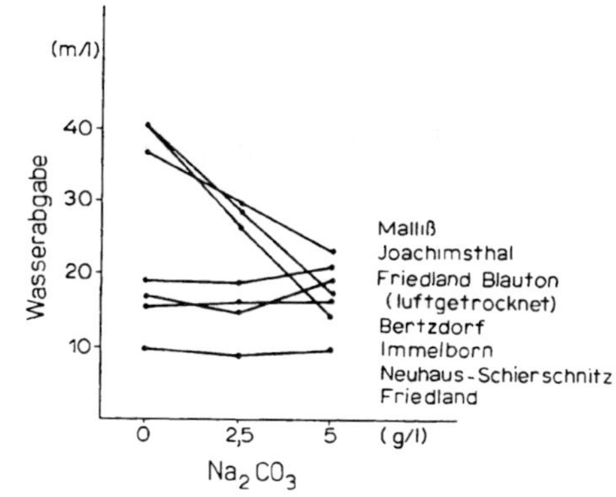

Abb. 4. Veränderung der Wasserabgabe von Tonspülungen durch Sodazusatz

von Grundspülungen und die Bestimmung der rationellsten Feststoffmenge eine praktische Eingliederung und Qualitätskontrolle der verwendeten Tone möglich.

Das Verhalten der Tone bei höheren Temperaturen und bei Elektrolytschädigungen mit 100 g NaCl/l und 5 g Anhydrit/l Spülung sowie bei der Stabilisation mit CMC-Produkten zeigte, daß die unterschiedlichen Merkmale der Tone auch bei diesen Untersuchungen erhalten bleiben.

Durch diese zusätzlichen Untersuchungen ist es möglich, die Tone auf ihre Brauchbarkeit in Bohrspülungen zu überprüfen. Anhand der vorliegenden Ergebnisse konnten außer dem Friedländer Blautonmehl noch andere illitische Tonvorkommen, wie zum Beispiel das aus Joachimstal und Immelborn, genutzt werden.

Zusammenfassung

Tonuntersuchungen für den Einsatz in Bohrspülungen führten zu einem praktischen Beurteilungsschema. Unabhängig von mineralogischen Ergebnissen kann durch die Variation der Feststoffmenge und des Sodazusatzes eine Aussage über das Verhalten der Tone in Bohrspülungen gegeben werden.

Резюме

Исследования глин с целью их использования в буровых растворах привели к практической схеме оценки. Независимо от минералогических результатов, путем вариации количества твердых веществ и добавки соды может быть дана оценка поведения глин в буровых растворах.

Summary

Investigations of clays for use in drilling muds resulted in a practical scheme of evaluation. Independently of mineralogical results a statement can be made of the behaviour of clays in drilling muds by varying the amount of solid and addition of soda.

Literatur

PULZER, E.: Klassifikation von Bentonit, Baryt und Zement. — Erdöl-Zeitschrift, 71. Jahrgang (1955), S. 172—176.
MÜLLER, P. & B. Heyne: Laborbericht aus dem Zentrallabor Gommern (1961).

Die mineralischen Rohstoffe der VR Bulgarien[1]

STANKO TONEW †, Sofia

Das kapitalistische Bulgarien galt als ein Land, das arm an mineralischen Rohstoffen war, vor allem an Erzen. Infolgedessen war die Schwerindustrie nicht entwickelt. Aber in den fast 20 Jahren der Volksherrschaft haben die Geologen bewiesen, daß Bulgarien reich ist an verschiedenen Arten von Erzen, Kohlen, Nichterzen und Baustoffen. In den Jahren der Volksmacht sind auch die ersten Erdölvorkommen in Bulgarien entdeckt worden.

Eine Gewinnung und Verwertung von mineralischen Rohstoffen fand auf dem Territorium Bulgariens schon seit dem frühesten Altertum statt. Zuerst dürften die dortigen Stämme während der Steinzeit sowie der Kupfer- und Bronzezeit Erzbergbau getrieben haben, nicht aber die Römer, denen einige dies zuschreiben. Diese Stämme förderten und verarbeiteten die Kupfererze einiger Lagerstätten in Südostbulgarien. Der Beweis dafür sind Tontöpfe, die mit reinem Malachit- und Azuritkupfererz gefüllt sind, das ca. 50% Kupfer enthält. Diese Töpfe wurden im Raum von Stara Sagora, Nowa Sagora und Aitossa gefunden. Viele Spuren der Erzförderung zur Römerzeit sind im Raum von Tschiprowzi, Tryn, Küstendil, den Rhodopen, Strandshe und an vielen anderen Stellen erhalten geblieben, wo der Erzbergbau von den unterworfenen, dort lebenden Thrakern betrieben wurde, nicht aber von den Römern, die die herrschende Klasse darstellten. Die Goldschmelze gedieh an allen Flüssen und in den Gebieten einiger Seeablagerungen Südbulgariens und der nordwestlichen Stara Planina. Die Slawen übernahmen die Erzförderung als Erbe von den erfahrenen Thrakern, hauptsächlich in Westbulgarien und in den Rhodopen. Angaben über den Erzbergbau in der Zeit des ersten und zweiten bulgarischen Staates sind nicht erhalten geblieben. Im Mittelalter spielten im Bergwerkswesen die Sachsen eine große Rolle, die in fast allen Erzbezirken des Landes ihre Spuren hinterließen. Nach ihrer Vertreibung zu Ende des 17. Jahrhunderts kam der Bergbau in unserem Land zum Stillstand. Überreste einer Eisenerzförderung aus dem 18. und 19. Jahrhundert sind in Samokowo und Etropol festgestellt worden.

Die Verwendung von Förderkohle in Bulgarien hängt mit der Befreiung des Landes vom Türkenjoch zusammen. Im Jahre 1877 wurde von den russischen Befreiungstruppen in Sofia aus dem Becken von Pernik erstmalig Kohle für Wirtschafts- und Heizzwecke verwendet.

Im kapitalistischen Bulgarien wurden nur einige Kohlenflöze und einige polymetallische Lagerstätten in den Rhodopen und im Bezirk Wraza sowie Kupfer im Bezirk Burgas und Panagürischte und Eisenerz im Bezirk Jambola abgebaut. Aber alle diese Lagerstätten waren nur wenig erkundet und ihre Perspektiven ungeklärt.

Gegenwärtig sind auf dem Territorium Bulgariens 49 Arten von Mineralien mit 433 Lagerstätten von Kohle, Erdöl und Erdgas, Eisen, Mangan, Chrom, Blei und Zink, Kupfer, Gold und Silber, Molybdän, Wolfram und anderen seltenen Metallen, Gips, Kaolin, Fluorit, Baryt, Pyrit, Magnesit, Asbest, Feldspat, Glimmer, feuerfestem Ton und weiteren nichterzhaltigen Mineralien und Baustoffen erkundet und werden abgebaut.

Eisenerze

Im kapitalistischen Bulgarien gab es keine industriell genutzten Eisenerzlagerstätten, aber in der heutigen Volksrepublik gibt es eine eigene Eisenerzbasis zur Entwicklung der Eisenmetallurgie. Die Gesamtmenge der Eisenerzvorräte betrug 1963 ca. 300 Mill. t und hat sich im Vergleich zu 1944 auf mehr als das Tausendfache erhöht. Die Eisenerze sind in Bulgarien durch mehrere unterschiedliche genetische Typen vertreten.

Die Lagerstätte von Kremikowzi liegt an der Grenze zwischen der Stara Planina und dem Talkessel von Sofia, 16 km nordöstlich von Sofia. Die Eisenerze sind durch Siderit und Hämatit als hydrothermale Bildungen sowie Limonit, der sich infolge von Oxydation des Siderits unter Supergenbedingungen gebildet hat, vertreten. Es handelt sich hierbei um Komplexerze, die durchschnittlich 30,7% Eisen, 6,7% Mangan, 0,55% Blei, 0,12% Kupfer und 17,3% Baryt enthalten. Die Lagerstätten können trotz schwieriger hydrogeologischer Bedingungen im Tagebau gewonnen werden. Es wird ein Tagebau angelegt, dessen Jahresleistung in der Perspektive 5—7 Mill. t Eisenerz betragen wird. In unmittelbarer Nähe dieser Lagerstätte wird das metallurgische Kombinat von Kremikowzi errichtet.

Die Eisenerzlagerstätte Martinowo befindet sich im nordwestlichen Teil Bulgariens, im paläozoischen Kern der Antiklinale von Berkowo, 40 km westlich von Michailowgrad. Sie enthält ein Magnetiterz mit erheblichen Beimengungen von Pyrrhotin, Pyrit und Arsenopyrit und einem durchschnittlichen Eisengehalt von 39%, während der Gehalt an Schwefel 5,14% und an Arsen 0,83% beträgt. In der Perspektive soll die Jahresleistung der Grube über 0,5 Mill. t hinausgehen.

Unmittelbar östlich der Magnetitlagerstätte von Martinowo liegt die Bleisideritlagerstätte von Tschiprowzi, deren Bleierzen die gleiche Bedeutung zukommt wie den Eisenerzen. Die Eisenerzlagerstätte Krumowo befindet sich in Südostbulgarien an den Nordhängen der Erhebungen von Monastir. Das Erz ist ein Magnetiterz mit Beimengungen von Hämatit, Pyrit, Pyrrhotin und Chalkopyrit. Es enthält durchschnittlich 44,1% Eisen, 0,58% Schwefel und 0,01% Phosphor. Diese Lagerstätte wird in den Gruben „Wassil Kolarow" und „Drama" im Untertagebau ausgebeutet.

Eisenerzlagerstätten in Jurasedimenten sind in Bulgarien weit verbreitet. Fast überall sind in den Ablagerungen des Unteren und Mittleren Juras Eisenerze festzustellen. Erkundet sind die Lagerstätten im Trojaner Balkan, in Neschkowzi und Markowa dupka entlang dem Flusse Schwarze Ossim, in Tschiflika entlang dem Flusse Weiße Ossim und in Kurt Hissar auf den Gipfeln der Berge der Stara Planina östlich der Schlucht von Trojan. Weniger erkundet sind die von Gradez im Bezirk Sofia, von Orlowiza in der Nähe von Kremikowzi, in Dolni Lom, Bezirk Widin, und einige Vorkommen in Strandshe. Es handelt sich um oolithische Eisenhydroxyd- und Chamositerze, die in Schichten eingelagert sind. Alle in Bulgarien bekannten Lagerstätten dieses Typs gehören zu den armen Eisenerzen. Der Eisengehalt schwankt zwischen 15 und 40% und beträgt durchschnittlich 20—25%.

Manganerze

In Bulgarien sind zwei unterschiedliche genetische Typen von Manganerzen bekannt: sedimentäre Erze an der Meeresküste, die im Oligozän entstanden, und sedimentäre Erze vulkanischen Ursprungs, die mit Erscheinungsformen des Andesitvulkanismus der Oberen Kreide in der Strukturzone der Sredna Gora in Verbindung stehen.

Die Manganvorkommen des Oligozäns befinden sich im nordöstlichen Teil Bulgariens in den Bezirken von Warna und Tolbuchin. Es handelt sich um karbonatische Erze. In den an der Küste gelegenen Teilen des Oligozänbeckens sind auch Primäroxyderze zu erwarten. Die gesamten Vorräte an Manganerzen in diesem Raum werden auf mehrere 100 Mill. t geschätzt. Die Erze haben aber nur einen geringen Mangangehalt. Die sedimentären Manganerze vulkanischen Ursprungs der Oberen Kreide im Gebiet der Sredna Gora haben nur begrenzte Bedeutung.

Kupfererze

Die Kupfererzlagerstätten in Bulgarien stehen im wesentlichen mit den metallogenen Strukturzonen der Sredna Gora und des Balkans in Verbindung.

Innerhalb der Strukturzonen der Sredna Gora treten folgende fünf genetische Typen von Kupfererzlagerstätten auf:

1. hydrothermale Kupferpyritvererzungen in den Effusivgesteinen der Oberen Kreide im westlichen Teil der Sredna

[1]) Eingang des Manuskripts in der Redaktion: 12. 7. 1963. Übersetzung: Intertext.

Gora. Von diesem Typ sind die Vorkommen von Tschelopetsch, Radka, Elschiza, Krassen u. a. im Raum von Panagürischte und Sofia;

2. eingesprengte Adern von Kupfermolybdänvererzungen, die mit paläozänen Intrusionen in Sedimentgesteinen der Oberen Kreide verbunden sind. Dazu gehören die Vorkommen von Medet und der Höhen des Hl. Ilja;

3. hydrothermale Lagerstätten in Form von Adern, verbunden mit Intrusionen in Schichten der Oberen Kreide von Burgas. Hierher gehören die Vorkommen von Rossen, Koru Tscheschme, Meden rid, Propadnala woda, Wyrli brjag, Tscherni wrych und einige andere Erzlagerstätten;

4. durch Kontaktmetasomatose entstandene Skarne sowie Kupfer- und Kupfereisenvererzungen in Strandshe. Hierzu rechnen die Vorkommen um Malko, Tyrnowo, Gramatikowo, Harman, Iglika u. a.;

5. hydrothermale Kupfer- und Kupferpyritlagerstätten um Gramatikowo u. a. in Strandshe.

In der Strukturzone des Balkans sind drei genetische Typen von Kupfervererzungen angetroffen worden:

1. Kupfer- und Kupferpyritlagerstätten in Form von Adern in den paläozoischen Systemen der westlichen Stara Planina und des Bezirks Botewgrad. Es sind dies die Lagerstätten von Granitschak, Tschuprene, Gorni lom, Schtastije, Watija u. a.;

2. eingesprengte Adern von Kupfermolybdän bei Elazite im Raum von Etropol, die mit den Granodioritgesteinen und den Phylliten des Paläozoikums in Verbindung stehen;

3. Kupfervererzungen und polymetallische Vererzungen in den Karbonatgesteinen und dem Sandstein der Trias-Jura-Strukturzone. Hierher gehören die Vorkommen von Sedmotschislenzi, Isdremez, Plakalniza, Rogo u. a. im Raum der Stara Planina von Iskyr. Erzlagerstätten dieses Typs wurden auch im Raum von Kasanlyk und Sliwen angetroffen.

Die größten geologischen Perspektiven und folglich auch die größte industrielle Bedeutung haben die eingesprengten Adern von Kupfer- und Kupfermolybdän, die zwar einen niedrigen Metallgehalt haben, aber dank der großen Erzkörper den Hauptteil der Vorräte an Kupfermetall enthalten. Die Lagerstätte Medet befindet sich 15—20 km südlich und die von Elazite 15 km nördlich vom Kupferkombinat der Stadt Pirdope. Beide stellen gegenwärtig die wichtigste Erzbasis für die Entwicklung des Kupferbergbaus in Bulgarien dar. Ihrer Bedeutung nach an zweiter Stelle stehen die kontaktmetasomatischen und hydrothermalen Vererzungen in Strandshe und im Westteil der Sredne Gora.

Blei- und Zinkerze

Sowohl hinsichtlich der Menge der erkundeten Vorräte als auch hinsichtlich der Gewinnung von Blei und Zink war das kapitalistische Bulgarien ein rückständiges Land. Bis 1944 waren die einzigen industriell ausgewerteten Lagerstätten die in den Rhodopen und in der westlichen Stara Planina, aus denen jährlich mehrere 10000 t gefördert wurden. Eine Einschätzung der gesamten Vorräte an Blei-Zink-Erzen erfolgte nicht.

Ab 1948 wurde mit Hilfe sowjetischer Spezialisten eine große Zahl neuer Vorkommen mit bedeutenden Vorräten an Blei-Zink-Erzen in den Rhodopen und im nordwestlichen Teil des Balkans ausfindig gemacht. Bis zum heutigen Tag sind mehr als 100 Blei- und Zinkvorkommen erkundet worden, über 50 werden ausgebeutet. Bulgarien gilt jetzt als ein Land, das reich an Blei-Zink-Erzen ist. Es steht hinsichtlich der erkundeten Lagerstätten mit an erster Stelle in Europa.

Die Blei-Zink-Erze des Strukturgebiets der Rhodopen, die als hydrothermale Gänge auftreten, sind neogenen Ursprungs. Die mineralische Erzassoziation enthält Galenit, Sphalerit und Pyrit als Hauptmineralien und Chalkopyrit, Arsenopyrit und Markasit als Begleitmineralien. Die Erzmineralien enthalten in verschiedenen Konzentrationen Beimengungen von Silber, Kadmium, Wismut, Antimon, Molybdän und anderen seltenen und Spurenelementen. Die wichtigsten Erzreviere im Strukturgebiet der Rhodopen sind die Gebiete von Madan und Lykino in den Nordrhodopen, Dawidkowo in den Mittelrhodopen, Madsharowo und Swesdez in den Ostrhodopen, Ustrem im Gebiet von Strandshe—Sakarzi und Ossogowo.

Im Erzgebiet des westlichen Balkans sind folgende drei genetische Typen von Blei-Zink-Erzlagerstätten festgestellt worden:

1. hydrothermal-metasomatische paläozoischen Ursprungs mit den Lagerstätten von Tschiprowzi;

2. hydrothermale Gänge, vertreten durch die Lagerstätten im Bezirk von Entropol;

3. telethermale Vorkommen in den Ablagerungen der Trias und des Juras. Hierher zählen die Blei-Zink-Erze im Bezirk von Wraza und der Stara Planina von Iskyr, nämlich Sedmotschislenizi, Plakalniza, Sokolez, Isremez, Rogo, Bow, Otetschestwo, Draganiza u. a.

Blei ist ferner eine Nebenkomponente der Eisenerze der Lagerstätte von Kremikowzi und wird bei der Eisenerzverarbeitung im metallurgischen Kombinat von Kremikowzi als Nebenprodukt gewonnen.

Goldhaltige Erze

Golderze sind jetzt in Bulgarien im nordöstlichen Teil des Gebiets von Kraischte festgestellt worden, und zwar das Vorkommen Slata und einige Erzlagerstätten im Raum der Stadt Tryn sowie im paläozoischen Kern der Antiklinale von Berkowo: Goweshda, Kopilowzi, Dylgi djal, Diwa Slatina und einige Lagerstätten westlich der Höhen von Kom. Die Lagerstätten dieser zwei Gebiete stellen goldhaltige Quarzadern dar, in denen die Mineralien Pyrit, Arsenopyrit, Galenit und Sphalerit sowie Scheelit auftreten. Goldhaltige Quarzsulfidadern sind in der Balkanzone im Gebiet von Etropol angetroffen worden.

Gold ist auch als Nebenkomponente in den meisten unserer Kupfererze enthalten. In vielen Gebieten des Landes gibt es Goldseifenlagerstätten, und zwar hauptsächlich in der nordwestlichen Stara Planina, im Gebiet von Berkowo und Belogradez, im südwestlichen Bulgarien im Raum der Städte Tryn, Küstendil, Stanke Dimitrow, Radomir und Sofia sowie im Raum der Sredna Gora u. a. bei der Stadt Strandshe. Fast überall ist hier schon in alter Zeit Gold gewonnen worden.

Erdöl und Erdgas

Erdöl und Erdgas sind bis jetzt nur in Nordbulgarien in den Ablagerungen der Trias, des Juras, der Unteren und Oberen Kreide und im Paläogen der Mösischen Plattform festgestellt worden.

Die erste Erdöllagerstätte an der Schwarzmeerküste zwischen den Dörfern Tjulenowo und Schabla wurde 1951 von einer sowjetischen Geologenexpedition entdeckt. Die Lagerstätte steht mit den oberen Teilen der kavernösen und zerklüfteten Kalke der Unteren Kreide in einer Teufe von 300—370 m in Verbindung. Über dem erdölführenden Horizont von Tjulenowo liegt eine Gaskappe, und im Oligozänsandstein ist darüber in einer Teufe von 110—160 m eine Erdgaslagerstätte festgestellt worden. Die Erdöllagerstätte erstreckt sich dann weiter nach Osten und verliert sich unter dem Schwarzen Meer. Das Erdöl von Tjulenowo ist dunkelbraun mit einer öligen Schattierung, mit hohem Teergehalt, schwach paraffinisch, mit schwachem Schwefelgehalt und schwachem Schwefelwasserstoffgeruch.

Die zweite Erdöllagerstätte in Bulgarien bei dem Dorfe Gigen, Bezirk Plewen, wurde Ende 1961 und die von Dolni Dybnik Anfang 1962 gefunden. Das Erdöl von Gigen liegt in Karbonatgesteinen der Unteren Kreide (Valendis) in 900—1000 m Teufe. Das Erdöl von Dolni Dybnik in einer Teufe von 3300—4000 m tritt in Karbonatgesteinen, wahrscheinlich triassischen Alters, auf. Die Lagerstätten von Gigen und Dolni Dybnik befinden sich im Stadium der Erkundung. Die größeren Perspektiven hat gegenwärtig die von Dolni Dybnik.

Erdgaslagerstätten wurden im Flußgebiet der Kamtschija zwischen den Dörfern Nowo Orjachowo und Staro Orjachowo, bei den Dörfern Krapez und Batanzi in der Dobrudscha und bei dem Dorfe Gotomarzi im Bezirk Widin angetroffen. Sie haben aber nur begrenzte Bedeutung.

Außer den obengenannten Lagerstätten der Mösischen Plattform ist noch an anderen Stellen Erdöl und Erdgas entdeckt worden. Einige Strukturen weisen günstige geologische Bedingungen auf: Man kann von ihnen interessante Perspektiven erwarten. Am aussichtsreichsten sind gegenwärtig die

Ablagerungen des Mesozoikums der Mösischen Plattform von Mittel- und Nordbulgarien, des Bezirkes Warna, Nordwestbulgariens sowie der dem Balkan vorgelagerten Strukturzone.

Kohle

Auf dem Territorium Bulgariens sind dem Grad der Inkohlung nach folgende vier Kohlenarten festgestellt worden: Anthrazit, Steinkohle, Braunkohle und Lignite. Anthrazitkohle wurde in der westlichen Stara Planina in Verbindung mit dem Oberen Karbon des Beckens von Swoge, bei dem Dorf Draganiza, Bezirk Michailowgrad, und bei dem Dorf Stakewzi, Bezirk Widin, gefunden.

Das Becken von Swoge liegt 30—40 km nördlich von Sofia. Es sind 17 Kohlenflöze mit wechselnder Verbreitung und Qualität bei Mächtigkeiten von 0,30—1,80 m ermittelt worden. Die gesamte Mächtigkeit der kohlehaltigen Schicht beträgt 500 m, die produktive Fläche des Beckens 130 km². Die prognostischen Vorräte belaufen sich auf rd. 100 Mill. t Kohle. Die Vorräte der erkundeten Abschnitte betragen 6—7 Mill. t.

Die Anthrazitlagerstätten bei den Dörfern Draganiza und Stakewzi weisen unter ähnlichen geologischen Bedingungen ihrer Entstehung die Qualität der Kohlen des Beckens von Swoge auf. Die prognostischen Vorräte reichen von einigen 100000 bis zu mehreren Mill. t Kohle.

Steinkohle ist in den Ablagerungen des Perms sowie des Unteren und Mittleren Juras und der Oberen Kreide gefunden worden. Das einzige Steinkohlenbecken mit industriell nutzbaren Vorräten an Kokskohle ist gegenwärtig das in der Balkanzone von Sliwen, das zur Oberen Kreide gehört (Cenoman—Turon). Dieses Kohlenbecken, das sich im höchsten Teil des Zentralbalkans befindet, hat eine Länge von 70 km und eine Breite von 10—12 km. Die produktive Schicht besteht aus acht Kohlenflözen mit einer Mächtigkeit von je 0,10—1,5 m sowie ton- und sandhaltigen Zwischenschichten von 2—3 bis zu 20 m. Der Grad der Inkohlung ist in den einzelnen Teilen des Beckens unterschiedlich (Fettkohle und Gaskohle). Die Gesamtvorräte an Kokskohle im Steinkohlenbecken des Balkans betragen ca. 40 Mill. t. Die übrigen Steinkohlen in der Oberen Kreide im Raum von Sofia und im Strandshe-Gebirge, die des Juras in Kraischte, in der westlichen und mittleren Stara Planina und die des Perms im Raume von Belogradtschik haben als Kokskohle gegenwärtig keine industrielle Bedeutung.

Die Steinkohle bei dem Dorf Suchostrel, Bezirk Blagoeffgrad, ist die einzige Lagerstätte des Tertiärs. Der kohlehaltige Horizont hält nicht aus. Die Vorräte sind begrenzt.

Die Braunkohlen stehen mit den Paläogenbecken der Talkessel in Südbulgarien in Verbindung, und zwar mit den Becken von Pirin, Bobow Dol, Pernik, Samokow, Nikolajewo, Borow Dol, Schwarzes Meer und Smoljan.

Das Becken von Pirin liegt im Tal des Flusses Struma südlich von Blagoeffgrad und nimmt eine Fläche von mehreren km² ein. Das Kohlenflöz hat hier eine Mächtigkeit bis zu 30 m. Unmittelbar über dem kohlehaltigen Horizont liegt ein Komplex bituminöser Schiefer mit einer Mächtigkeit von 50—70 m. Die Kohlenvorräte des Beckens von Pirin betragen 20 Mill. t.

Das Becken von Bobow Dol liegt zwischen den Städten Stanke Dimitroff, Radomir und Küstendil und nimmt eine Fläche von 40—50 km² ein. An verschiedenen Stellen des Beckens ist die Anzahl der Kohlenflöze unterschiedlich. Es treten 4—6 kohleführende Schichten auf, die eine Mächtigkeit von mehreren Dutzend cm bis zu 10 m haben. Das Becken hat einen komplizierten Faltenbau. Die gesamten Kohlenvorräte von Bobow Dol betragen 120—150 Mill. t. Die Perspektiven des südlichen Teils des Beckens sind vorläufig noch nicht ganz geklärt.

Das Becken von Pernik ist vor 50—60 Jahren in Betrieb genommen worden. Es nimmt eine Fläche von ca. 200 km² ein und enthält 4 Kohlenflöze, die fast horizontal in einer Teufe von 100—200 m zwischen ton- und sandhaltigem Gestein liegen. Die Mächtigkeit der kohleführenden Schichten schwankt zwischen einigen Metern und 30 m. Im nordöstlichen und südlichen Teil des Beckens treten die Schichten zutage und werden im Tagebau abgebaut. Die Gesamtvorräte betragen ca. 140 Mill. t.

Das Becken von Nikolajewo liegt im Talkessel von Kasanlyk und enthält zwei Kohlenflöze mit einer Mächtigkeit bis zu 1,5 m. Erkundet sind ca. 2 Mill. t, die prognostischen Vorräte werden mit 60 Mill. t angegeben.

Das Schwarzmeerbecken liegt 10—18 km nördlich von Burgas. Seine produktive Fläche beträgt ca. 10 km². Es enthält neun Kohlenflöze, von denen die industriell zu erschließenden 2—4 Flöze eine Mächtigkeit bis zu 7 m aufweisen. Die Kohle enthält ca. 10% Bitumen. Die erkundeten Kohlenvorräte betragen 40 Mill. t.

Das Becken von Smoljan liegt bei der Stadt Smoljan und dem Dorf Arda in den mittleren Rhodopen. Es umfaßt 2—4 Kohlenflöze mit einer Mächtigkeit von 0,5—2,5 m. Die Perspektiven sind noch nicht geklärt.

Die Lignitkohle gehört zum Neogen und ist im südlichen und im westlichen Teil des Landes anzutreffen.

Das Becken Mariza-Ost ist das größte Kohlenbecken Bulgariens und nimmt eine Fläche von ca. 300 km² ein. Es liegt zwischen den Städten Stara Sagora, Jambol und Topolowgrad. Die Lagerstätte weist drei Kohlenflöze mit einer Mächtigkeit von 15—30 m auf, die in einer Teufe von 45 bis 80 m liegen. Daher kann ihre Förderung im Tagebau erfolgen. In Mariza-Ost wird der größte Tagebau Bulgariens mit einer Leistung von 10 Mill. t Kohle pro Jahr angelegt. Zwei bis drei solcher Tagebaue werden zur Zeit vorbereitet. Die Lignite sind in Form humus- und xylithaltiger Kohle vorhanden. Die gesamten Kohlenvorräte des Beckens Mariza-Ost betragen über 3 Mrd. t.

Das Becken Mariza-West liegt zwischen den Städten Dimitroffgrad und Tschirpan und nimmt eine Fläche von ca. 80 km² ein. Erkundet sind zwei Kohlenflöze mit einer Mächtigkeit von 1,5—3 m in einer Teufe bis zu 500 m. Die Kohle gehört zum Humus-Lignit-Typ. Die Gesamtvorräte des Bekkens machen ca. 200 Mill. t. aus.

Das Becken von Sofia ist das zweitgrößte des Landes und nimmt eine Fläche von ca. 1000 km² ein. Der kohleführende Schichtenkomplex hat eine Mächtigkeit von 12—40 m und liegt in den Randteilen nur wenige Meter tief, während er im mittleren Teil eine Teufenlage bis zu einigen 100 m erreicht. Die Kohle hat einen hohen Asche- und Feuchtigkeitsgehalt. Das Becken ist nur zum Teil erkundet. Die Vorräte werden auf ca. 1 Mrd. t geschätzt.

Westlich des Beckens von Sofia befinden sich die Lignitkohlen von Aldomirowzi, Chrabyrsko, Bjal breg, Stanin und im Osten die von Tschukurowa, deren Vorräte auf einige Dutzend Mill. t geschätzt werden.

Das Becken von Lom liegt in Nordwestbulgarien. Es besteht aus mehreren Flözen, die entlang dem Donauufer nahe der Stadt Lom austreten und im Süden Teufen bis zu mehreren 100 m erreichen. Das Becken erstreckt sich über 300 km², die Vorräte werden auf ca. 1 Mrd. t geschätzt. Infolge schwieriger hydrogeologischer Bedingungen wird das Becken bis jetzt noch nicht ausgebeutet.

In Südwestbulgarien wird Lignit bei Küstendil und Gozedeltschewo (Kanina) gewonnen. Die Vorräte betragen mehrere Dutzend Mill. t.

Lignitkohlen im Raum der Palakarija, von Raslog, Petritsch, Perwomai und Elchowo sind festgestellt, jedoch noch nicht erkundet worden.

Bituminöse Schiefer

Bituminöse Schiefer liegen als tonhaltige Schiefer und bitumenhaltige Mergel vor. In den Lagern von Pirin und Borow Dol bilden sie die Deckschicht der kohleführenden Schichten des Paläogens. Bei den Dörfern Kossatscha und Krassowa finden sich selbständige Lager aus dem Paläogen. Die Gesamtvorräte der vier Vorkommen betragen mehr als 80—90 Mill. t. Industriell sind sie bis jetzt noch nicht genutzt worden.

Nichterze

Chemische Rohstoffe sowie Steine und Erden werden auf dem Territorium der VR Bulgarien in ca. 170 Vorkommen angetroffen, von denen 70 erschlossen sind.

G i p s. In Bulgarien sind zwei Gebiete ermittelt worden, in denen man Gips findet, und zwar das von Radnewo in Südbulgarien und das von Widin in Nordwestbulgarien. Die Lagerstätten von Radnewo enthalten Gipskonkretionen in sandhaltigen Tonen mit Gehalten von 100—600 kg/m³. Der Gips von Widin tritt in Schichten des Miozäns auf. Die perspektivischen Vorräte sind insgesamt gesehen im nordwestlichen Teil der Donauniederung außerordentlich groß.

Steinsalz. Der Salzstock bei dem Dorfe Mirowo, Bezirk Prowadija, stellt die einzige Steinsalzlagerstätte im Land dar. Sie liegt in einer Teufe von 10 bis über 1000 m. Die Vorräte an reinem Steinsalz betragen mehr als 500 Mill. t. Das Salz wird durch Aussolen gewonnen.

Baryt. Hydrothermale Barytgänge sind fast in allen Gebieten Süd- und Westbulgariens anzutreffen. Bedeutend sind die von Stara Sagora und von Kaschana. Aus der Eisenerzlagerstätte in Kremikowzi, die große Mengen Baryt als Beimengung enthält, kann der Bedarf des Landes vollauf gedeckt werden.

Fluorit. In Bulgarien sind zwei Fluoritlagerstätten entdeckt worden, und zwar bei dem Dorf Palat, Bezirk Blagoeffgrad, und bei dem Dorf Michailkowo in den Zentralrhodopen. Die Fluoritgewinnung deckt den Bedarf des Landes.

Kaolin. Kaolin ist auf großen Flächen in Nordostbulgarien in den Bezirken Rasgrad, Kolarowgrad und Russe gefunden worden. Die Lagerstätten sind sekundären Ursprungs und bestehen aus Quarzsand mit Kaolin in Karstformen des Aptsandsteins. Die Vorräte an Kaolinrohstoffen in Nordostbulgarien werden auf einige 100 Mill. t geschätzt.

Feuerfeste Tone. Sie treten in den sarmatischen Ablagerungen im Raum der Stadt Plewen und denen des Unteren und Mittleren Juras im Raum von Kraischte auf. Als Rohstoff für feuerfeste Werkstoffe mit hohem Aluminiumgehalt sind die Disthenschiefer im Raum Tschepelare von Bedeutung.

Bentonittone. Große Mengen von Bentonittonen sind als Bleicherde vulkanischen und sedimentären Ursprungs in den Komplexen des Paläogens in den östlichen Rhodopen bei der Stadt Kyrdshalo angetroffen worden.

Phosphorite. Lagerstätten von Phosphatrohstoffen finden sich in den Ablagerungen der Oberen Kreide im Raum der Städte Plewen und Kolarowgrad und in den Paläogenablagerungen der östlichen Rhodopen. Der Phosphorit wird gegenwärtig erkundet.

Feldspat und Glimmer werden aus Pegmatiten im Rilagebirge, den westlichen und östlichen Rhodopen sowie in der Sredna Gora gefördert. Die geförderte Menge deckt den Bedarf der Volkswirtschaft.

Die erkundeten Rohstoffvorräte für die Zementproduktion können die Zementwerke für viele Jahrzehnte versorgen.

Das Territorium Bulgariens birgt somit eine Reihe von mineralischen Rohstoffen, die in nächster Zeit durch die geologische Erkundung für eine weitgehende Verwendung in der Volkswirtschaft erschlossen werden sollen.

Zusammenfassung

Nach einem historischen Rückblick über die bergbauliche Entwicklung des Landes seit dem frühen Altertum werden die in der VR Bulgarien vorhandenen Erzvorkommen, Eisenerze, Manganerze, Kupfererze, Blei- und Zinkerze, goldhaltige Erze sowie die Vorkommen von Erdöl und Erdgas, Kohle, bituminösen Schiefern und Nichterzen eingehend behandelt. Die zahlreichen Lagerstätten werden jeweils genannt, geologisch charakterisiert und nach räumlichen Abmessungen, Gehalten, Vorräten und gegenwärtiger bzw. möglicher wirtschaftlicher Nutzung gekennzeichnet.

Резюме

В введении дается исторический обзор развития горной промышленности страны, начиная с ранней древности. Потом детально описываются все имеющиеся в НР Болгарии проявления руд, как то железных руд, марганцовых руд, медных руд, свинцово-цинковых руд, золотосодержащих руд, а также проявления нефти и газа, угля, битуминозных сланцев и неметаллических ископаемых. Приводятся многочисленные месторождения и охарактеризуются геологически и по пространственным замерам, содержанию, запасам и существующему или-же перспективному экономическому использованию.

Summary

A historical review of the development of mining in the country since the early antiquity is followed by a detailed description of ore occurrences, iron ores, manganese ores, copper ores, lead and zinc ores, gold-containing ores, as well as of petroleum, natural gas, coal, bituminous schist and non-ore occurrences. The numerous deposits are mentioned and characterized with reference to geological aspects, spatial dimensions, contents, resources, and present as well as potential economic exploitation.

Erste Industriezweigkonferenz der VVB Feste Minerale

Die 1. Industriezweigkonferenz der VVB Feste Minerale, die am 25. Oktober in Halle stattgefunden hat und von 240 Teilnehmern aus allen Betrieben der VVB, aus Instituten, aus Nachbar- und Verarbeitungsindustrien besucht war, hat den Beweis erbracht, daß sich die Geologen, Wissenschaftler und Arbeiter dieses Industriezweigs auf die Lösung der vor ihnen stehenden neuen Aufgaben gründlich vorbereiten.

Entsprechend dem Beschluß des VI. Parteitags, dem Ergebnis der Wirtschaftskonferenz und der Richtlinie für das neue ökonomische System der Planung und Leitung der Volkswirtschaft sind auf dieser Konferenz die Ziele der geologischen Such- und Erkundungstätigkeit auf dem Gebiet der festen Minerale bis zum Jahre 1970 sowie Wege und Mittel für die Lösung dieser Aufgaben festgelegt worden.

Einige Zahlen kennzeichnen die gewaltige Zunahme des Arbeitsumfangs auf dem geologischen Gebiet und die beachtliche Steigerung der Leistungen. So ist für eine umfassende Lagerstättenperspektive der DDR der tiefe Untergrund zwischen 1000—1500 m zu kartieren. Der Bohrmeteraufwand für Braunkohle wird von 1963—1970 auf ca. 300% steigen. Auch der Bohrmeteraufwand für die Hydrogeologie wird im gleichen Zeitraum um 300% ansteigen. Das Kartenwerk 1:200000 wird vervollständigt und erstreckt sich auf die Verhältnisse bis zu 1500 m Teufe.

Diese Ziele bei wenig verändertem personellem Aufwand und mit einem zwar typenbereinigten, aber etwa gleichbleibenden Maschinenpark zu erreichen, bedarf der besonderen Anstrengungen. Ein wissenschaftlich begründeter Plan bis in alle Einzelheiten muß ergänzt werden durch eine bedeutende Hebung des Qualitätsniveaus. Der ökonomische Nutzen wissenschaftlicher Arbeiten ist nicht allein ein Richtwert für unsere Arbeiten entsprechend den Anforderungen der Regierung, sondern regelt auch im kleinen Bereich das Verhältnis der Gesamtarbeit zum persönlichen Interesse, die Frage der materiellen Interessiertheit.

Die Maßnahmen und Anordnungen, die auf das Erreichen des Ziels im Jahre 1970 hin orientieren, werden nicht als etwas Abstraktes behandelt, sondern bedürfen ständig der Ergänzung und Vervollständigung. Hier müssen sich das Neuererwesen und die Neue Technik als ein ständig weiterwirkender, mobilisierender Faktor auswirken. Auch spielen dabei die Fragen des kompletten Wettbewerbs nicht allein innerhalb des Betriebs, sondern auch mit mehreren Betrieben gemeinsam eine bedeutende Rolle.

Die Beschlüsse, die zum Abschluß der Konferenz von der VVB der Versammlung zur Annahme vorgelegt wurden, kennzeichnen im einzelnen die Schwerpunkte und die Hauptaufgaben für die Jahre 1963 u. 1964. Sie gliedern sich in:

1. Aufgaben zur Erhöhung der Wissenschaftlichkeit bei der Vorbereitung der geologischen Such- und Erkundungsarbeiten;
2. Aufgaben zur Erreichung des wissenschaftlich-technischen Fortschritts im Bohrfeld und in den Werkstätten;
3. Aufgaben zur Verbesserung der Leitungstätigkeit bei der Durchführung geologischer Sucharbeiten;
4. Aufgaben zur Sicherung des Kaderbedarfs, der Kaderentwicklung und der Qualifizierung;
5. Aufgaben auf dem Gebiet der Ökonomie und Planung.

Die Beschlüsse wurden einstimmig angenommen. Auf dieser Grundlage ist die VVB Feste Minerale in der Lage, die geologischen Arbeiten mit Blickrichtung auf 1970 in Angriff zu nehmen und zu einem guten Abschluß zu führen.

K. KAUTER

Zweites Berufsbild des Ingenieurs der Fachrichtung Geologie[1]

INHALT

0. Präambel

Eine der Grundlagen zur Verwirklichung der vor uns liegenden Aufgaben ist die Versorgung der Grundstoffindustrie der DDR mit mineralischen Rohstoffen einschließlich Grundwasser.

Die systematische Erforschung des Untergrundes mit dem Ziel, bauwürdige Lagerstätten nachzuweisen, obliegt den Geologen. In den Bergbaubetrieben haben sie die technologische Betriebsführung auf Grund der geologischen Verhältnisse zu lenken sowie die geologische und hydrologische Sicherheit zu gewährleisten. Der Geologe muß außerdem die staatlichen Organe, Projektierungsdienststellen usw. beraten, wie und wo unter Berücksichtigung der natürlichen geologischen Verhältnisse Hoch- und Tiefbauten, Wasserversorgungsanlagen usw. unter sparsamster Verwendung gesellschaftlicher Mittel mit höchstem ökonomischem Nutzeffekt errichtet werden können. Im Rahmen dieser Tätigkeit übernimmt der Geologie-Ingenieur bestimmte Aufgaben, die seiner praxisbezogenen und technisch gerichteten Ausbildung entsprechen.

1. Allgemeine Aufgaben des sozialistischen Ingenieurs in den Betrieben und Dienststellen auf der Grundlage des Erziehungszieles der sozialistischen Gesellschaft

Das Ziel der Ausbildung ist ein sozialistischer Geologie-Ingenieur, dessen Bewußtsein so weit entwickelt ist, daß er vom Sieg des Sozialismus überzeugt ist und deshalb die zur Erreichung dieses Zieles notwendigen Aufgaben zu den seinen macht. Es ist seine Pflicht, für die Sache des Sozialismus offen Partei zu ergreifen.

Der Ingenieur muß ständig bestrebt sein, die Einheit von Politik und Ökonomie sowie Technik und Wissenschaft verwirklichen zu helfen und als Leiter von Kollektiven gesellschaftlich-erzieherisch zu wirken. Auf seinem Arbeitsgebiet soll er danach streben, Wissenschaft und Technik nach dem neuesten Stand anzuwenden und schöpferisch weiterzuentwickeln. Dabei muß für ihn oberstes Gebot sein, daß das kostbarste Gut unserer Gesellschaft der Mensch selbst ist. Deshalb muß er sich für den Gesundheits- und Arbeitsschutz der ihm anvertrauten Menschen verantwortlich fühlen.

Der Geologie-Ingenieur wird nur dann erfolgreich in der Praxis bestehen können, wenn er sich während seines Studiums gute fachliche, ökonomische und gesellschaftswissenschaftliche Kenntnisse angeeignet hat und es versteht, mit diesem Wissen und Können die ihm anvertrauten Aufgaben in der praktischen Berufsarbeit zu lösen. Wenn er bereit ist, jederzeit inner- und außerberuflich politisch und gesellschaftlich im Interesse unseres Arbeiter-und-Bauern-Staates zu handeln, wird er den Anforderungen gewachsen sein. Es wird von ihm ein hohes Maß an Verantwortungsbewußtsein, Einsatzfreudigkeit und Initiative erwartet.

2. Tätigkeitsbereich und auszuführende Arbeiten des Geologie-Ingenieurs

2.1. Die gesellschaftlich-organisatorischen Arbeiten

Es ist Pflicht des Ingenieurs, für die Einhaltung und Verwirklichung der Gesetze, Verordnungen und Beschlüsse der staatlichen Organe Sorge zu tragen. Er erkennt die führende Rolle der Partei der Arbeiterklasse an und setzt sich für die Durchführung ihrer Beschlüsse ein.

Zur Erreichung des Höchststandes in Wissenschaft und Technik ist es seine Aufgabe, die Bildung sozialistischer Arbeitsgemeinschaften zu fördern und in ihnen mitzuarbeiten.

2.2. Die kulturell-erzieherischen Aufgaben

Das gesamte Verhalten des Geologie-Ingenieurs muß von den Grundsätzen der sozialistischen Moral und Ethik bestimmt werden, so daß er stets als Vorbild wirkt. Gleichzeitig hat er sich für die Weiterqualifizierung seiner Mitarbeiter verantwortlich zu fühlen.

2.3. Die fachlichen Arbeiten

Der Geologie-Ingenieur muß über fachliches Wissen und über technisch-praktisches Können verfügen sowie ökonomisch denken und handeln.

Er ist verantwortlich für:

a) die ordnungsgemäße Durchführung aller ihm übertragenen geologischen Arbeiten über und unter Tage, insbesondere für eine einwandfreie, zuverlässige und umfassende Dokumentation der geologischen Aufschlüsse und eine entsprechende Auswertung;

b) den zweckmäßigen Einsatz und die Anleitung der ihm beigegebenen geologischen Hilfskräfte (Geologie-Techniker,

[1]) Die Redaktion des Berufsbildes lag in den Händen der Fachrichtungskommission Geologie, die sich aus folgenden Herren zusammensetzt: Dipl.-Geol. R. WASKOWIAK, Zwickau, Vorsitzender; Prof. Dr. RUDOLF HOHL, Geologisch-Paläontologisches Institut der Martin-Luther-Universität Halle — Wittenberg; Dr. rer. nat. H.-J. BEHR, Geologisches Institut der Bergakademie Freiberg; Dipl.-Geol. W. REMUS, VEB Mansfeld-Kombinat „Wilhelm Pieck“, Eisleben; Dipl.-Geol. A. LENK, Zwickau; Geol.-Ing. W. BLEI, Zwickau; Geol.-Ing. W. SCHIRRMEISTER, ZGI, Berlin; Geol.-Ing. JUREK, VEB Geologische Erkundung Süd, Freiberg (Sa.), Geol.-Ing. J. KAUFMANN, Zwickau.

Facharbeiter, Kollektoren, Probenehmer, Bemusterungshauer usw.);

c) eine enge Verbindung mit dem technischen Personal, um die Koordinierung der geologischen und technischen Belange innerhalb seines Arbeitsgebietes zu gewährleisten.

Folgende Kenntnisse werden vom Geologie-Ingenieur verlangt:

a) neben sicheren geologischen, mineralogischen und petrographischen Grundkenntnissen ein fundiertes Wissen auf dem Gebiet der angewandten Geologie;

b) ein solches Maß an ökonomischen, technischen und methodischen Kenntnissen in der Erkundung, daß er beurteilen kann, mit welchen technischen Hilfsmitteln der Geologie, Geophysik, Bohrtechnik und Bergbautechnik die geforderten geologischen Feststellungen am wirtschaftlichsten zu erreichen sind und welche Aussagekraft die erzielten Untersuchungsergebnisse haben. Dazu gehört auch die Deutung geophysikalischer Ergebnisse;

c) ein ausreichendes Maß an Kenntnissen über Betriebsökonomie und über die geologische und bergmännische Planung;

d) Grundkenntnisse über die Verwendungsmöglichkeiten und die Weiterverarbeitung mineralischer Rohstoffe;

e) Kenntnis der Bestimmungen des Gesundheits- und Arbeitsschutzes, der bergbaulichen Sicherheitsvorschriften sowie der einschlägigen Gesetze und Verordnungen.

Der Geologie-Ingenieur muß nach Abschluß seiner Ausbildung in der Lage sein:

a) alle Aufschlüsse unter und über Tage einschließlich Bohrungen ordnungsgemäß zu dokumentieren (zu beschreiben und zeichnerisch darzustellen);

b) vorbereitende und operative Arbeiten bei der geologischen Erkundung durchzuführen sowie ingenieurgeologische und hydrogeologische Untersuchungen vorzunehmen;

c) eine ordnungsgemäße Bemusterung von Lagerstätten durchzuführen;

d) die Vorratsberechnung vorzunehmen;

e) den Vorrichtungs-, Ausrichtungs- und Abbaubetrieb im Bergbau geologisch zu überwachen und die bergmännische Technologie entsprechend den geologischen Bedingungen zu beeinflussen;

f) einfache Vermessungsarbeiten durchzuführen;

g) auf seinem Arbeitsgebiet wissenschaftliche Auswertungen durchzuführen.

h) Sein Ausbildungsstand muß ihn befähigen, sich ständig weiterzubilden und somit auch künftigen Aufgaben gewachsen zu sein.

3. Anforderung an die Ingenieurausbildung

3. 1. Der Bewerber hat folgende Bedingungen zu erfüllen:

a) Vollendung des 18. Lebensjahres;

b) Abschluß der polytechnischen Oberschule oder Nachweis entsprechender Kenntnisse;

c) Ausbildung als „Laborant für Geologie und Mineralogie" (Kollektor) bzw. eine 2jährige praktische Tätigkeit auf dem Gebiet der Geologie;

d) Bergbautauglichkeit und Farbtüchtigkeit;

e) aktive gesellschaftliche Mitarbeit beim Aufbau unseres Arbeiter-und-Bauern-Staates.

Die Bewerber werden von einem VEB, einer staatlichen oder gesellschaftlichen Institution zu einem 3jährigen Studium an die Bergingenieurschule „Georgius Agricola" in Zwickau (Sa.) delegiert. Die Delegierung zum Studium ist eine Auszeichnung und umschließt die Verpflichtung, durch intensive Arbeit alle während des Studiums gebotenen Qualifizierungsmöglichkeiten zu nutzen, um die für die Arbeit als Ingenieur notwendigen Kenntnisse, Fähigkeiten und Fertigkeiten zu erwerben.

Die Eignung des Bewerbers zum Studium wird in einer Eignungsprüfung festgestellt.

3.2. Studieninhalt

3.2.1. Allgemeine Grundlagen

Marxismus-Leninismus
Deutsch
Russisch
Mathematik
Physik einschließl. Praktikum
Chemie einschließl. Praktikum
Gesundheits- und Arbeitsschutz
Grundlagen der sozialistischen Erziehung im Betrieb
Körperererziehung

3.2.2. Spezielle Grundlagenfächer

Allgemeine Geologie einschließl. Praktikum
Zeichnen und räumliche Darstellung
Geologische Kartenkunde
Vermessungstechnik
Bergbautechnik
Bohrtechnik
Angewandte Geophysik
Fossile Lebewesen
Historische Geologie einschließl. Praktikum
Geologie von Deutschland
Mineralogie einschließl. Praktikum
Gesteinskunde einschließl. Praktikum
Bodenkunde
Ökonomik der sozialistischen Industrie

3.2.3. Spezialfächer

Lagerstättenlehre
Vorratsberechnung
Feldgeologie und Kartierung
Grubengeologie und Dokumentation
Ingenieurgeologie
Hydrogeologie
Einführung in mikroskopische Untersuchungen

3.3. Weiterbildung der Absolventen

Der Geologie-Ingenieur hat die Pflicht, sich fachlich weiterzubilden. Die Möglichkeiten hierzu sind u. a. folgende:

a) als Mitglied der Geologischen Gesellschaft in der DDR an Tagungen und Exkursionen, an Geologenbesprechungen und Fachtagungen im Bereich seines Industriezweiges teilzunehmen, in der Kammer der Technik und in anderen Organisationen mitzuarbeiten;

b) Gasthörer in den einschlägigen Wissensgebieten an Hochschulen zu sein;

c) Teilnahme an Weiterbildungslehrgängen an Ingenieurschulen und Hochschulen oder am Teilstudium;

d) Hochschulstudium;

e) verkürztes Geologiestudium an der Martin-Luther-Universität Halle—Wittenberg bei gutem Abschluß als Geologie-Ingenieur und hervorragender Bewährung in der Praxis;

f) Veröffentlichung von Beiträgen aus seinem Arbeitsgebiet.

3.4. Studienform, Studienzeit und Studienabschluß

Die Ausbildung erfolgt in einem 3jährigen Direktstudium an der Bergingenieurschule „Georgius Agricola" in Zwickau (Sa).

Nach erfolgreichem Abschluß des Studiums ist der Absolvent zur Führung der Berufsbezeichnung „Ingenieur in der Fachrichtung Geologie" berechtigt.

4. Einsatzmöglichkeiten

Nach Abschluß seines Studiums wird der Geologie-Ingenieur während einer Einarbeitungszeit mit den speziellen Aufgaben in seinem Arbeitsgebiet vertraut gemacht.

Der Geologie-Ingenieur wird vorzugsweise bei der Durchführung geologischer Erkundungsarbeiten, für betriebsgeologische Arbeiten auf dem Gebiet der Montangeologie sowie bei hydrogeologischen und ingenieurgeologischen Arbeiten eingesetzt. Absolventinnen werden vorwiegend über Tage beschäftigt.

Der Einsatz des Geologie-Ingenieurs erfolgt deshalb in den geologischen Abteilungen, Betrieben und Instituten der VVB Feste Minerale, der VVB Erdöl und Erdgas, der Vereinigungen volkseigener Betriebe der verschiedenen Bergbauzweige und in den Bezirksstellen für Geologie bei den Räten der Bezirke.

Zeitschrift für angewandte Geologie, Bd. 10 (1964) Heft 2

Besprechungen und Referate

THON, H.-G.

Sedimentpetrographische Untersuchungen zur Gliederung des Buntsandsteins im südöstlichen Harzvorland

„Freiberger Forschungshefte", C 156, VEB Deutscher Verlag für Grundstoffindustrie, Leipzig 1963; 84 S., 16 Abb., 11 Anl., 2 Taf., 3 Tab.

Ausgehend von der Tatsache, daß in den letzten Jahren zahlreiche Arbeiten mit dem Ziel einer möglichst weiträumigen gleichartigen Gliederung des Unteren und Mittleren Buntsandsteins durchgeführt wurden, wird der Versuch unternommen, weitere Anhaltspunkte und Kennwerte zur Stratigraphie auf der Basis der Schwermineralführung zu finden. Durch Bestimmungen der γ-Strahlung konnte bestätigt werden, daß die wechselnde Intensität derselben die zyklische Ablagerung der Sedimente widerspiegelt. Die Untersuchungen sind durch Leichtmineral- und Karbonatbestimmungen vervollständigt.

Verf. gibt eine Beschreibung der Arbeitsmethodik und behandelt im einzelnen die Ausbildung des Unteren Buntsandsteins der Bohrungen Udersleben 10, Sangerhausen 74, 109, Burgsdorf 58 und Roßleben 2/59 sowie die des Mittleren Buntsandsteins der drei erstgenannten Bohrungen. Es wird die ältere von JUNG (1958/59) aufgestellte zyklische Gliederung nach Sohlbanktypen zugrunde gelegt und mit anderen Gliederungen sowohl älterer Autoren (PICARD, SCHRIEL u. a.) als auch mit der für das Thüringer Becken gültigen (n. DOCKTER & PUFF) verglichen.

Auf Grund des eindeutigen zyklischen Aufbaus des Unteren Buntsandsteins ist eine Dreiteilung desselben möglich, wobei die charakteristischen Schwerminerale Apatit, Granat, Turmalin, Zirkon und Rutil innerhalb einer Bohrung durch wechselnde Anteile die Zyklen widerspiegeln. Nachbarbohrungen konnten nicht parallelisiert werden, was jedoch durch die Messung der γ-Strahlung und der dadurch erleichterten Gliederung in Zyklen und Schichtenfolgen möglich wurde. Besonders deutlich konnte die Grenze zum Mittleren Buntsandstein durch komplexe Untersuchungen festgelegt werden, welche die alte Grenze W. JUNGs an der Basis der ersten gröberkörnigen Sandsteine bestätigen. Im Hangenden schließen die Groß- und Kleinzyklen des Mittleren Buntsandsteins an — letztere kommen jedoch durch die Schwermineralverteilung und γ-Strahlungsintensität nur undeutlich oder überhaupt nicht zum Ausdruck.

Es zeigte sich, daß die sedimentpetrographischen Untersuchungen für eine stratigraphische Gliederung nur bedingt verwendbar sind, während wertvolle Hinweise für die Paläogeographie, Abgrenzung und Herkunft von Schüttungen gewonnen werden können. So kommen Zirkone aus Gesteinen des Erzgebirges und deutlich nachweisbar aus nordwestsächsischem Porphyr vor. Ebenso können Apatite und Turmaline auf Gesteine der erzgebirgischen Einheiten zurückgeführt werden.

Die Ausführungen werden durch Abbildungen, Tabellen und Anlagen eingehend veranschaulicht. Sie sind ein weiteres Ergebnis der Grundlagenarbeiten für die Buntsandsteinstratigraphie. D. RUSITZKA

DURMISCHJAN, A. G.

Über die Ursachen der Nichtübereinstimmung der Gasvorräte der Gaskondensatlagerstätten Aserbaidshans nach Berechnung mit der Volumenmethode und der Methode des Schichtdruckabfalls

„Neftj. chosj." (1963), H. 3, S. 26—31, 1 Abb.

Davon ausgehend, daß die Ausbeutung von Gas- und Gaskondensatlagerstätten nur bei rechtzeitiger Bestimmung der industriellen Vorräte rationell erfolgen kann — eine Forderung, die in der Praxis infolge des Fehlens entsprechender Daten nicht immer erfüllt ist —, werden die gebräuchlichen Methoden der Vorratsberechnung kurz diskutiert.

Die im allgemeinen bei Beginn der ersten Förderversuche angewandte Druckabfallmethode setzt ein einheitliches gasdynamisches System voraus und führte insbesondere bei der lithologisch und tektonisch durch Inhomogenitäten ausgezeichneten Lagerstätte Kalmas zu erheblichen Fehlern. Die Schwierigkeit besteht darin, daß die Lagerstätten meist erst mit fortschreitender Erkundung hinsichtlich des Regimes usw. genauer beurteilt werden können. Trotzdem bleibt diese Methode ein wichtiges Mittel zur Abschätzung der Vorräte. Die Volumenmethode ist ebenfalls mit Mängeln behaftet. Ihre Anwendung ergab bei den Lagerstätten Kalmas, Sirja und Karandag das 1,5fache bzw. im letzten Fall das Doppelte der tatsächlichen Vorräte.

Die Untersuchung der Fehlerquellen zeigt, daß die Abweichungen hauptsächlich durch ungenaue Werte für die Gassättigung, die Porosität und die effektive Mächtigkeit hervorgerufen werden. Mächtigkeit und Porosität können hinreichend genau mittels Bohrlochgeophysik und Laboruntersuchungen bestimmt werden. Meist liegen aber die Werte nicht in genügend großer Anzahl vor. Schwieriger ist die Erfassung der Gassättigung, weil in Gaskondensatlagerstätten neben Gas und gebundenem Wasser noch flüssige KW (Resterdöl) vorhanden sind (Anteil des gebundenen Erdöls am Porenvolumen in Karandag 2—27%, in Kalmas 2,6—43,4%), so daß die Bestimmung der Gassättigung mit bohrlochgeophysikalischen Verfahren in Wirklichkeit die Erdöl-Gas-Sättigung des Gesteins darstellt und je nach dem Anteil des Resterdöls $\pm$ nach oben abweichende Werte der Gassättigung ermittelt werden. Für die Lagerstätte Kalmas werden nach Bohrlochgeophysik die mittlere Wassersättigung mit 45% und die Gassättigung mit 55% angegeben. Laborbestimmungen des gebundenen Erdöls an Kernproben erlaubten die Eliminierung des o. g. Fehlers und ergeben eine durchschnittliche Gassättigung von 38—40%.

Das gebundene Erdöl ist unabhängig vom Kondensatgehalt der gasführenden Horizonte. Beträgt der Kondensatanteil z. B. 100 cm^3/m^3 Gas, so reicht das nur für eine Porenfüllung von 2—3% aus, selbst wenn man den vollständigen Übergang des Kondensats in die flüssige Phase voraussetzt. In der Lagerstätte Kalmas liegt der Kondensatanteil an der Porenfüllung nicht über 1%.

Durch das Vorhandensein von Gas, gebundenem Wasser und flüssigen KW handelt es sich um ein kompliziertes dreiphasiges System, wobei die Abgabefähigkeit für die einzelnen Komponenten von dem Grad der Sättigung abhängt. Für die Lagerstätte Kalmas ergibt die Zusammenfassung der Einzelbeobachtungen, daß Wasser und gebundenes Erdöl bei Sättigungsgraden von 50% bzw. 30% nicht zu fließen vermögen, während der Gaszufluß bei 25—30% Sättigung noch günstig ist.

Einige in ziemlicher Entfernung von der Kontur und in Zonen hoher Wassersättigung gelegene Bohrungen förderten mit dem Gas 3—10 m^3 Wasser/Tag. Demzufolge ist das Wasser nicht völlig gebunden und gerät bei größeren Druckdepressionen in Bewegung. Dunkle, teerhaltige Kondensate treten in Sonden auf, die aus stärker erdölgesättigten Zonen produzieren. W. LANGE

BULATOW, A., A. KARAJEW, I. KARMANOW & N. SIDOROW

Erfahrungen bei der Verwendung von Zementmörteln mit herabgesetztem spezifischem Gewicht in Erdölvorkommen des Gebietes von Krasnodar

„Neftj. chosj." (1962); H. 5, S. 21—25

Bei der Zementation tiefer Bohrlöcher ist es notwendig, Zementschlämmen mit niedrigem spez. Gewicht einzusetzen, um große Zementierhöhen ohne Schwierigkeiten zu erreichen. Leichte Zementschlämmen werden hergestellt durch Zusatz von trockenem Bentonit zum Zement oder durch Verwendung einer Tonspülung zum Anrühren der Schlämme.

Der Bentonit beeinflußt die physikalischen Eigenschaften des Zements. Bei Portlandzementen wird die Festigkeit herabgesetzt, während bei Schlacken-Sand-Mischungen eine Erhöhung eintritt. Durch die Verwendung von Bentonit kommt man wegen der niedrigen Festigkeit des Zements in Widerspruch zur GOST-Norm 1581-42, die relativ hohe Festigkeiten verlangt. Theoretische Untersuchungen über den Spannungszustand des Zements hinter den Rohren zeigen jedoch, daß derartige hohe Festigkeiten nicht benötigt werden. Die Praxis in den Gebieten von Stawropol und Kuban hat gezeigt, daß Biegezugfestigkeiten von 15—20 kp/cm² und Druckfestigkeiten von 50—60 kp/cm² ausreichen, um eine gute Isolation der produktiven Schichten zu garantieren. Eine so einseitige Orientierung auf die Festigkeitseigenschaften der Zemente hemmt die Weiterentwicklung der Technologie bei der Zementation von Bohrlöchern. In Laboruntersuchungen wurde gezeigt, daß Permeabilität und Aggressivbeständigkeit der Zemente Parameter sind, die größere Beachtung verdienen, um eine dauerhafte Isolation der Schichten zu erreichen.

Durch Veränderung des normalen Wasser-Zement-Verhältnisses von 0,5 kann man das spez. Gewicht der Schlämme beeinflussen. Dieses wirkt sich auf die Durchlässigkeit des Zementsteins aus. Bei Zusatz von Bentonit oder anderen Materialien wird das überschüssige Wasser von diesen Komponenten gebunden. Bei Temperaturen über 110 °C sind diese Zusätze nicht nur Füllstoff, sondern treten in Wechselwirkung mit dem Zement. Diese Zementmischungen können durch Zugabe von CMC verzögert werden. Die Ergebnisse dieser Untersuchungen wurden in verschiedenen Gebieten mit Erfolg in der Praxis überprüft. Beim Zusatz von Bentonit zum Zement ergeben sich durch größere Schlammengen außerdem beträchtliche Einsparungen. K. Schulze

Richter, D.

Schiefrigkeit und tektonische Achsen im Gebiet des Velberter Sattels (Rheinisches Schiefergebirge)

„Forsch.-Ber. Nordrhein-Westfalen", 1197, 34 S., 8 Abb., 2 Taf., Westdeutscher Verlag, Köln und Opladen 1963

Tektonische Untersuchungen im Velberter Sattel, dem nördlichsten Antiklinorium des Rheinischen Schiefergebirges, besitzen insofern besondere Bedeutung, als in diesem Gebiet das unmittelbar Liegende des produktiven Ruhrkarbons aufgeschlossen ist und somit Fragen von nicht zuletzt bergbaulichem Interesse einer Klärung nähergebracht werden können. Dem Verf. gelang es, mit Hilfe einer eingehenden kleintektonischen Analyse den Deformationsablauf zur Zeit der asturischen Tektogenese relativ exakt zu rekonstruieren. So stellte sich beispielsweise heraus, daß der Großfaltenbau schon vor Einsetzen der Schieferung in seinen Grundzügen vorhanden war. Auch konnten zwei Generationen von Kleinfalten sowie Stockwerke wechselnder Schieferungsintensität unterschieden werden. Besondere Aufmerksamkeit wurde darüber hinaus den Beziehungen zwischen δ- und B-Achsen, der Verformung von Fossilien u. a. Problemen gewidmet.

Einen guten Überblick über das gesamte Arbeitsgebiet vermitteln eine geologisch-tektonische Karte (Schieferung, Störungen, δ- und B_2-Achsen) sowie eine gefügetektonische Karte mit 17 β-Diagrammen. D. Franke

Lefavrais-Raymond, Mm. A.

Contribution à l'étude géologique de la Bresse d'après les sondages profonds

Mémoires du Bureau de Recherches Géologiques et Minières, Nr. 16, Editions B. R. G. M., Paris 1962

Die Bresse ist eine Senke zwischen dem Französischen Zentralmassiv und dem Schweizer Jura und eines der Erdölhoffnungsgebiete Frankreichs. Es wurde deshalb in den letzten Jahren durch eine Reihe von Tiefbohrungen untersucht, deren Ergebnisse die Autorin in einer Monographie auswertet. Im Zentralgebiet wird Oberkreide unter Tertiär angetroffen, in den Antiklinalen Unterkreide und Jura. Die tiefste Bohrung im Zentrum erreichte bei 3018 m Teufe das Toarcien. Die Bearbeitung erstreckt sich auf den Bereich vom Malm bis zum Tertiär. Die Malmsedimente (Lusitanien, Kimmeridge, Portland) sind weniger als 500 m mächtig. Sie bestehen aus Kalken, Dolomiten und dolomitischen Kalken, z. T. mit Bitumenführung. Im Valangien, das anfangs kalkig-sandig ist und Eisenerzkonkretionen enthält, erfolgt eine Transgression mit Konglomeraten. Das Hauterive hinterließ Karbonate, die im Urgonien wieder in Strandablagerungen übergehen. Apt und Unteralb fehlen, das Mittelalb transgrediert mit glaukonitischem Sandstein. Auch die Cenomankalke sind noch glaukonitisch-sandig, sie gehen im Torton und Senon in reine und mergelige Kalke mit Feuersteinen über. Insgesamt ist die Kreide ca. 300 m mächtig. Bemerkenswert ist der Unterschied zwischen dem dolomitisierten Malm und der kalkigen Kreide. Die Dolomitisierung ist sekundär, sie geht oft von den Stylolithen aus und weist die Ablagerungen einer litoralen Plattform im Flachmeer zu. Im Eozän (150 m) folgen auf eine basale Brekzie kalkig-sandige Mergel und wirr geschichtete Kalke, die auf subaquatisches Fließen hindeuten. Es sind synorogene Sedimente, die auch im Oligozän mit Mächtigkeiten bis über 1000 m vorkommen in lakustrischen, lagunären und konglomeratischen Serien mit aufgearbeitetem Jura- und Kreidematerial. Das geringmächtige marine Miozän mit Molasseablagerungen geht randlich in kontinentale Serien über. Vom Sarmat bis Pliozän herrschen Mergel und Sande mit Braunkohlen vor. Die Schichten sind etwas über 200 m dick.

Nach dem Schelfstadium bis Ende Jura wurde im Eozän das Becken gebildet, das von nun ab stark durch die alpine Geosynklinale beeinflußt wurde. Jurafaltung und alpine Überschiebungen verursachten eine Diskordanz zwischen Miozän und Pliozän.

Die klargegliederte, übersichtliche Monographie ist vorzüglich gedruckt und illustriert, die Tafeln sind technische Spitzenleistungen. Es möge deshalb nicht als kleinlich angesehen werden, wenn auf die schlechte Redigierung der fremdsprachigen Literaturzitate hingewiesen wird. Ein deutscher Leser wird vielleicht die „Württemb Honreshefte" noch unterbringen können, aber was soll z. B. ein englischer Wissenschaftler mit der Angabe „Nassuer Jehrluck" anfangen? Er wird kaum ahnen, daß es sich um das „Nassauer Jahrbuch" handelt. R. Meinhold

Martin, B. D.

Rosedal Channel—evidence for late Miocene submarine erosion in Great Valley of California

„Bull. Am. Assoc. Petrol. Geol.", Tulsa, **47** (1963), 3, S. 441—456, 7 Abb., 1 Tab.

Die Arbeit wirft neues Licht auf eines der schwierigsten Kapitel der Sedimentologie. Der Autor weist glaubhaft nach, daß die von ihm benannte Struktur (Sandfüllung eines Kanals im Fruitvale-Schieferton) in einer Meerestiefe von ca. 400 m entstanden ist, und zwar durch untermeerische Erosion des Kanals und ebenso untermeerische Ausfüllung mit Sedimenten, die alle Eigenschaften von Turbiditen haben. Der Autor bietet keine neue Theorie dafür, neigt aber zu der Ansicht, daß Trübeströme die (wahrscheinlich doch schon etwas verfestigten) Schiefertone 100 bis 400 m tief erodieren und dann wieder ausfüllen konnten.

Meinhold

Fabian, H. J.

Das Erdölfeld Meckelfeld-Süd

„Erdölzeitschrift", Wien, **79** (1963), 1, S. 1—9, 10 Abb., 4 Tab.

Am Salzstock von Meckelfeld, an dem bisher nur eine kleine Scheitellagerstätte bekannt war, ist eine Diskordanzlagerstätte beiderseits einer schmalen Mulde im Dogger β bekannt geworden. Der Muldensüdrand ist der Rand des Gifhorn-Hamburger Doggertroges, der Nordrand entstand beim Salzaufstieg. Im N wird der Speicher durch Gesteine des Salzstockes verschlossen, im S durch die Transgression des Alb. In der Verlängerung dieses Randes nach NE liegt die gleichartige Lagerstätte Reitbrook-West. Ähnliche Fallen finden sich an der Westflanke von Meckelfeld (Feld Sinstorf). Wegen Geländeschwierigkeiten und der Schmalheit der Ölzonen wurde meist mit gerichteten Bohrungen gearbeitet. Die Arbeit enthält ausführliche Tabellen über die Ölqualitäten und Lagerstättenwässer sowie Lagerstättendaten, Korngrößenuntersuchungen des Speichergesteins. Der Ölinhalt beträgt 2,5 Mill. t, 34% werden als gewinnbar betrachtet. Die Lagerstätte ist untersättigt und hat Randwassertrieb. Die geothermische Tiefenstufe beträgt 36,5 m. Druckerhaltungsmaßnahmen haben begonnen.

Meinhold

EWING, M. & J. EWING

Rate of salt-dome growth

„Bull. Amer. Ass. Petrol. Geol.", Tulsa, Vol. **46** (1962), 5 S. 708—709, 1 Abb.

In der Nähe der Sigsbee Knolls, gelegen in der Sigsbee-Tiefe im Golf von Mexiko, wurden seismisch ca. 20 Salzdome gefunden, über denen sich am Meeresboden Erhebungen von ca. 20 m fanden. Kernbohrungen ergaben, daß Hochlagen wie Senken von einer gleichmäßigen Schicht von Globigerinen-Ooze bedeckt sind. Ihr Alter beträgt knapp 11000 Jahre nach C^{14}-Bestimmungen. Auf Grund geologischer Erwägungen (Beobachtung der Ablagerungen von Trübeströmen) kommen die Autoren zu der Auffassung, daß die Erhebungen seit Ablagerung der Ooze in den letzten 11000 Jahren erfolgten, woraus sich eine Hebung von 1 mm/Jahr ergibt, verursacht durch den Aufstieg des Salzes.

MEINHOLD

HUTHNANCE, W. B.

How to minimize blowouts and lost circulation

„World Oil", Houston, **156** (1963), 1, S. 66—70, 1 Abb.

Tiefe und enge Bohrlöcher haben beträchtliche Druckverluste durch Reibungskräfte im Gestänge und im Ringraum, besonders bei beschwerten Spülungen. Der Autor errechnet für ein Beispiel die kinetischen Spülungsdrücke für laminaren und turbulenten Fluß. Die dabei auftretenden Überdrücke können zu Frac-Effekten und Spülungsverlusten führen. Andererseits kann der Unterschied zwischen statischen und kinetischen Drücken und der swab-Effekt des Bohrzeuges zu Ausbrüchen führen. Es werden weiter die Kontrollmaßnahmen beschrieben für die richtige Einstellung der Zirkulation und die Anforderungen an die Spülung, welche Havarien vermeiden sollen. MEINHOLD

CARPENTER, N. F. & E. A. ERNST

Acidizing with swellable polymers

„Journal of Petrol. Technol.", Dallas, **14** (1962), 9, S. 1041 bis 1047, 4 Abb.

Es hat sich in der Praxis gezeigt, daß die Säurewirkung hauptsächlich auf Rissen, erweitert durch die hohen Drücke bei der Injektion, erfolgt. Um die Wirkung zu erhöhen, muß die Säure weit eindringen. Das kann geschehen durch Verhinderung von Flüssigkeitsabgabe an die Poren und durch Reaktionsverzögerung. Die Autoren versuchten mit Erfolg quellfähige Polymere, die mit Salzsäure auf das 40fache anschwellen, dabei Poren abschließen, auf den Rissen ins Gebirge eindringen und dabei die absorbierte Säure nur langsam durch Diffusion abgeben. MEINHOLD

FERRELL, H. H., M. FELSENTHAL & I. W. WOLFE

Effect of overburden pressure on flow capacity in a deep oil reservoir

„Journal of Petrol. Technol.", Dallas, **14** (1962), 9, S. 962 bis 966, 9 Abb.

Bei der Wasserinjektion in einem Ölfeld wurde eine Aufnahmefähigkeit von nur $^1/_7$ der nach den Permeabilitätsmessungen zu erwartenden angetroffen. Reaktionen des Flutwassers und mechanische Verstopfungen waren ausgeschlossen. Permeabilitätsmessungen unter hohem allseitigem Druck zeigten eine starke Abnahme der Permeabilität mit wachsendem Druck. Das Speichergestein war wenig verfestigt, so daß der Kompaktionseffekt wirksam wurde.

MEINHOLD

KIRCHHEIMER, F.

Das Uran und seine Geschichte

E. Schweitzerbart'sche Verlagsbuchhandlung (Nägele u. Obermiller), Stuttgart 1963, 372 S., 4 Farbtaf., 1 Kunstdrucktaf., 57 Textabb., 2 Beil., 51,40 DM

Prof. Dr. FRANZ KIRCHHEIMER, Präsident des Geologischen Landesamtes von Baden-Württemberg, hat mit diesem Buch ein Werk der Öffentlichkeit übergeben, das von einem großen Kreis von Geologen, Mineralogen und Lagerstättenkundlern, aber auch von Fachleuten der verarbeitenden Industrie, wie Porzellan- und Glasherstellern, Chemikern und Hüttenleuten, mit Interesse und Begeisterung aufgenommen werden wird.

Mit einer bewundernswerten Präzision trug er Zitate aus über 3000 Literaturquellen zusammen und wertete sie aus, sammelte und überprüfte er fast 3500 Angaben von Gruben, Orten, Fundstellen und Minerallisten und legte diese Fülle von Material übersichtlich geordnet und klar systematisiert in diesem Werk nieder.

Es beginnt mit den ersten Nachrichten über Uranmineralien, führt über deren wissenschaftliche Entdeckung von KLAPROTH und endet im Jahre der Entdeckung des Radiums, 1898.

Mit einer unvergleichlichen Genauigkeit legt der Verf. literarische Originalquellen bloß und verhilft längst verschollenen und vergessenen Publikationen zu neuem wissenschaftlichem Leben. Ebenso verfährt er mit den Fundpunktangaben und mit der Entwicklung der Nomenklatur für die verschiedenen Uranmineralien.

Auf 178 Seiten behandelt er einzelne Vorkommen und Lagerstätten des Urans und gliedert den Text dabei nach Kontinenten und Ländern. In vielen Fällen sind gefällige Übersichtskärtchen den Ausführungen beigefügt. Der Verwertung des Urans, angefangen von dem Begriff der Uran-Metallurgie E. M. PÉLIGOTS über Glasmacherei und Porzellanmalerei, widmet er 88 Textseiten mit dementsprechenden, zum Teil farbigen, einprägsamen Abbildungen. Ein ausführliches Verzeichnis der Literatur über Uranvorkommen (1789—1898), ein ebenso gründliches Sach- und Personenverzeichnis, ein Verzeichnis von Personennamen, eines der Ortsnamen und ein Mineralregister schließen dieses wichtige Werk ab, das eine willkommene Bereicherung unserer Fachliteratur darstellt. K. KAUTER

HOWARD-WHITE, F. B.

Nickel — An historical review

Methuen u. Co. Ltd., London 1963, 350 S., 4 Farbabb., 2 Farbtaf., 61 Textabb. u. 23 Taf., Diagr. u. Kart., 235 Literaturhinweise und Erläuterungen, 5 Anhänge, 15 × 22 cm

Wie J. F. THOMPSON, der Präsident der International Nickel Co., im Vorwort zu dem so inhaltsreichen Buch zum Ausdruck bringt, hat der Verf., FRANK B. HOWARD-WHITE, als Direktor der gleichen führenden Nickel-Gesellschaft seit 1918 mit Nickel zu tun gehabt, so daß er wie kein anderer in der Lage war, die Geschichte des Metalls Nickel von ihren frühesten Anfängen bis zur Gegenwart mit ihren komplizierten Zusammenhängen aufzuzeichnen. In 19 Kapiteln hat er die interessante Geschichte des außergewöhnlichen Metalls Nickel, das so innig mit den Höhen und Tiefen des menschlichen Daseins verbunden ist, dargestellt. Er hat es meisterhaft verstanden, das umfangreiche Tatsachenmaterial zu einer Biographie des Nickels zu gestalten, die nicht nur für den Sachkenner eine Fundgrube bemerkenswerter Zusammenhänge, sondern auch dem geschichtlich und naturwissenschaftlich interessierten Leser einen vorzüglichen Überblick über die Entwicklung der Nickelindustrie und die wirtschaftliche Bedeutung dieses wichtigen metallischen Rohstoffs bietet.

Der deutsche Leser wird beim Anblick des als Titelbild farbig wiedergegebenen Altarbildes von HANS HESSE aus dem Jahre 1521, das sich in der St. Annenkirche in Annaberg befindet, erkennen, wie eng die Geschichte des Nickels in ihren Anfängen mit dem Silberbergbau im sächsischen Erzgebirge verbunden ist. Die bei Annaberg und Schneeberg mit dem Silber vorkommenden Erze waren von den alten Bergleuten zuerst für Kupfererze gehalten worden, ergaben jedoch beim Schmelzen kein Kupfer, sondern giftige Dämpfe, so daß sie es ärgerlich als Kupfer-Nickel bezeichneten, wobei Nick oder Nickel ein Schimpfname für den Teufel war. Als dann 1751 A. F. CRONSTEDT in Schweden in dem Kupfer-Nickel ein neues Metall entdeckte, nannte er es Nickel.

Lange bevor Nickel nicht nur als Metall der Erde, sondern auch des Kosmos erkannt worden war, wo es als Ursache der WIDMANNSTÄTTENschen Ätzfiguren in Eisenmeteoriten festgestellt worden war, spielte es als vom Himmel gesandtes Gut wegen seiner Härte und Zähigkeit, vermutlich auch wegen seiner magischen Eigenschaften bei den alten Völkerschaften Vorderasiens, eine gewisse Rolle. Bemerkenswerterweise sind auch beachtliche Ni-Gehalte in Bronzegerätschaften und Münzen festgestellt worden, die in Vorderasien und China bis zu 3500 Jahre vor der Zeitenwende angefertigt wurden. Eine dem Neusilber ähnliche, als Paitong oder irrtümlich Pakfong bezeichnete Kupfer-Zink-Nickel-Legierung war den Chinesen schon im Mittelalter bekannt und wurde in der Provinz Jünnan erzeugt. Erst nach 1823 stellte man im sächsischen Erzgebirge Neusilber vor allem für Tafelbestecke her und brachte es unter dem Namen Argentan, Alpaka und zahlreichen anderen Bezeichnungen in den Handel.

Genügte zunächst die geringe Nickelgewinnung im sächsischen Erzgebirge zur Deckung des Bedarfs für die örtliche Neusilberherstellung, so setzte bei steigender Nachfrage, vor allem aus England, eine stärkere Gewinnung von Nickelerzen durch Ausbeutung anderer Lagerstätten in Deutschland und Österreich ein, seit 1830 auch in den USA (La Motte mine, Missouri, und seit 1853 Gap mine, Pennsylvania), von 1838 an in Schweden (Klefva, Ruda und Slattberg), von 1840 in Frankreich (Vogesen und Pyrenäen) und 1848 in Norwegen (Espedalen, Ringerike, Evje) und Rußland (Ural und Kaukasus). In einem bedeutenden Ausmaß konnte sich jedoch die Nickelproduktion erst nach der 1866 erfolgten Entdeckung der großen Nickelsilikatvorkommen in Neukaledonien, die seit 1875 in geringem Umfang, seit 1889 nach Errichtung einer Hütte bei Thio an der Ostküste der Insel stärker ausgebeutet wurden, und nach der seit 1889 einsetzenden Erzeugung von Nickel-Kupfer-Metall aus den Nickel-Kupfer-Erzen des Sudbury-Gebiets in Kanada entwickeln.

Der Bedarf an Nickel stieg ganz erheblich, als um 1890 herum die Bedeutung von Nickelstählen für die Herstellung von Panzerplatten sowie schweren Geschützen und Geschossen erkannt worden war. Nickel war schlagartig zu einem strategischen Metall geworden. Aber auch für den Bau von Kraftmaschinen hatte es eine besondere Bedeutung erlangt. Ferner hatte man erkannt, daß einige Nickellegierungen besondere magnetische und elektrische Eigenschaften besaßen, sich durch einen minimalen Ausdehnungskoeffizienten (Invar) oder durch einen dem Glas gleichen auszeichneten, weiter daß galvanisch aufgetragene Nickelüberzüge einen vorzüglichen Rostschutz darstellen und Nickel allein oder in Legierungen ein vorzügliches Münzmetall war.

Vor dem ersten Weltkrieg gab es fünf große Nickelproduzenten auf der Basis der kanadischen und neukaledonischen Nickelerzvorkommen:

1. International Nickel mit einer Hüttenkapazität von 16000 t Ni jährl. in Bayonne, New Jersey, USA.
2. Le Nickel mit einer Kapazität von etwa 6000 t Ni jährlich in Le Havre, Frankreich, Erdington und Kirkintilloch, Großbritannien.
3. Ballande mit einer Kapazität von etwa 3600 t Ni jährlich in Duffel, Belgien, und 900 t Ni jährlich in New Brunswick, New Jersey, USA.
4. Mond Nickel mit einer Kapazität von 3200 t Ni jährlich in Clydach, Wales, Großbritannien.
5. Anglo-French Nickel mit einer Kapazität von 3200 t Ni in Hafod Isha, Wales, Großbritannien.

Die kleine Ni-Hütte in Kristiansand in Norwegen erzeugte in den ersten Kriegsjahren etwa 900 t Ni jährlich.

In den Kriegsjahren stieg die Nickelproduktion der Welt auf etwa 47000 t Ni (1918) an, um 1922 auf etwa 11000 t Ni zurückzugehen. Durch eine systematische Entwicklung der Anwendung von Nickel für den Friedensbedarf stieg die Nickelerzeugung 1925 auf 36000 t Ni an, um 1929 56000 t Ni zu erreichen. Nach einem krisenbedingten Rückgang im Jahre 1932 auf 32500 t Ni stieg der Nickelverbrauch der Welt durch die verstärkte Rüstung vor dem zweiten Weltkrieg dann auf etwa 110000 t Ni im Jahre 1937 an. Die Kriegsjahre brachten einen weiteren Anstieg der Nickelproduktion in den westlichen Ländern mit einer Spitzenerzeugung von 154000 t Ni im Jahre 1943. Nach einem Rückgang im Jahre 1946 auf 103000 t Ni setzte sich die Aufwärtsbewegung der Ni-Produktion bis zum Jahre 1957 mit 235000 t Ni und, unterbrochen durch einen Rückgang auf 170000 t Ni im Jahre 1958, bis 1961 mit 270000 t Ni fort.

Diese erstaunlichen Produktionssteigerungen haben sich durch den großzügigen Ausbau der kanadischen Erzgruben im Sudbury-Gebiet, im Lynn-Lake-Gebiet von Manitoba (Sheritt Gordon mine, 11300 t Ni jährlich) sowie auf der Thompson-Grube in Nordmanitoba ergeben. Die größte Nickel-Gesellschaft, die International Nickel Co., hat eine Produktionskapazität von über 180000 t Ni jährlich, die Falconbridge Nickel mines von 22500 t Ni jährlich. In den USA wird von der Hanna Mining Co. aus den Nickelvorkommen von Riddle in Oregon Ferronickel mit einem Ni-Inhalt von 9000 t jährlich gewonnen. Le Nickel errichtete in Doniambo, Neukaledonien, eine Elektrohütte zur Erzeugung von Ferronickel. Die Produktionskapazität ist 13500 t Ni-Inhalt im Ferronickel und 11300 t Reinnickel. Japan erzeugte 1961 aus neukaledonischen Erzen über 20000 t Ni. Als zweitgrößter Ni-Erzeuger der Welt hat die Sowjetunion nach geschätzten Angaben des U. S. Bureau of Mines vor allem aus den Gruben Petsamo, Monchegorsk und Norilsk zuletzt rund 75000 t Ni jährlich gewonnen. In Kuba wurde bereits 1903 versucht, Nickel zu gewinnen, jedoch erst seit 1952 kam die Nickelproduktion in den Anlagen Nicaro und und Moa Bay mit einer jährlichen Kapazität von 22500 t Ni in Betrieb.

Im Jahre 1961 wurden von den wichtigsten Nickelproduzenten erzeugt:

Kanada	217000 t Ni
Sowjetunion	75000 t Ni
Neukaledonien	41000 t Ni
USA	10500 t Ni
Kuba	10500 t Ni
	354000 t Ni

Die beachtlichen Produktionssteigerungen für Nickel der letzten Jahre sind auf die zunehmenden Anwendungsmöglichkeiten von Nickelstählen und Nickellegierungen in hochbeanspruchten Konstruktionselementen zurückzuführen. Die erstaunlichen technischen Entwicklungen der modernen Technik wären ohne das Metall Nickel in seinen Verbindungen mit anderen Metallen nicht möglich gewesen. Überall, wo es auf Hitzebeständigkeit oder auch Festigkeit bei tiefsten Temperaturen oder Korrosionsfestigkeit ankommt, sind Legierungen von Nickel mit verschiedenen Gehalten als zweckmäßigstes Material erkannt worden. In Gasturbinen und Düsen- und Raketentriebwerken sind bedeutende Mengen an Nickel enthalten.

So ist das Metall Nickel, das zu Beginn dieses Jahrhunderts im wesentlichen einen Einsatz für Rüstungszwecke erfahren hatte, darüber hinaus zu einem Element geworden, das mit dem Fortschritt der modernen Technik auf das engste verbunden ist.

H. Reh

Bereschnoi, A. I., P. G. Kulagnin, M. A. Potjukajew & W. W. Simonow

Über die Möglichkeiten zur Schaffung einer tonfreien Bohrspülung auf der Grundlage polymerer Koagulationsmittel und Salzlösungen

„Nefti i gas", Nr. 3, S. 29–34, 1963

Unter hohen Temperaturen und Drücken wird der Einsatz der Bohrspülungen bei Ton als Grundlage der Bohrspülung immer mehr erschwert. Ausgehend von Spülungen mit geringem Tongehalt (3%) werden Versuche und praktische Anwendungen von tonfreien Spülungen unter Zusatz von Polyacrylamid beschrieben. Elektrolytzusätze zu Tonspülungen führen wohl zur Stabilisierung toniger Bohrlochwände, verschlechtern aber die strukturell-mechanischen Eigenschaften der Bohrspülung. Das im Wasser gelöste Polyacrylamid hat eine maximale neutralisierende Wirkung auf Tone. Da es ein starkes Koagulationsmittel darstellt, unterdrückt es das Dispergieren der Tonteilchen und besitzt gleichzeitig die wichtige Eigenschaft, selbst zu dispergieren sowie sich in konzentrierten Salzlösungen aufzulösen.

Diese mit Salz ($NaCl$; $CaCl_2$; $NaNO_3$; $ZnCl_2$) gesättigten Wasserlösungen des Polyacrylamids (1,2%) sind thermostabil bis 200°C, sie können bis auf ein spez. Gewicht von 1,9 durch das Salz beschwert werden und haben ausreichende Spülungsmeßwerte bis 2,4 g/cm³, Viskosität 30–40 sec, Wasserabgabe 1–2 ml. Eine fehlende Thixotropie kann nicht als negativer Faktor angesehen werden, da bei dieser Spülung keine Hydrofracerscheinungen auftreten können. In Laborversuchen wurde die Stabilität von Tonkörpern in

Zeitschrift für angewandte Geologie, Bd. 10 (1964) Heft 2

verschiedenen Vergleichslösungen nachgeprüft, wobei durch Polyacrylamid eine merkliche Verfestigung eintrat. Auch die Wirkung des Polyacrylamids auf die Wiederherstellung der Durchlässigkeit des Gebirges wurde ermittelt, sie verlief positiv.

Von den Verf. werden tonfreie Spülungen mit Koagulationsmitteln wie Polyacrylamid und Elektrolyte in standfestem Gebirge empfohlen. B. HEYNE

SCHMIDT, E. R.

Wasserchemismus und Geologie im Untergrund Ungarns

„Erdölzeitschrift", Wien, **79** (1963), 1, S. 25–26

Diese Kurzfassung eines Vortrages behandelt eine kurze Beschreibung der Geologie und Stratigraphie Ungarns mit einer Charakterisierung der in den einzelnen Schichten vorkommenden Wässer. Der Salzgehalt nimmt vom Quartär bis zum Oligozän bis 30 g/l zu, die Härte schwankt zwischen 5 und 15 Graden. Das Wasser der Trias und des darauf lagernden Eozäns ist Karstwasser mit geringer Salzkonzentration, aber größerer Härte (bis 42). Der Gehalt an Deuteriumoxyd liegt zwischen + 1,8 und + 3,0 γ. Die geothermische Tiefenstufe ist niedrig, viele Thermalwässer treten auf. MEINHOLD

RAABEN, W. F.

Einige Ergebnisse, welche für vertikale Migration in den karbonischen und permischen Schichten des Wolga-Ural-Gebietes sprechen

„Isw. Akad. Nauk SSR, Serie Geol." (1962), H. 10, S. 90 bis 96

Nach Meinung des Verf. wurde bislang die laterale Migration unter Vernachlässigung der Argumente für eine vertikale als wesentlich angenommen. Er versucht, diesen Mangel zu beheben, und bringt Beispiele von 37 Lagerstätten, die jeweils aus Lagern verschiedenen Alters fördern. Die Dichten, Asphaltene-, Harz-, Paraffin- und Schwefelgehalte sowie der Anteil der Fraktion bis 300° dieser Öle werden in einer Tabelle dargestellt und aus der Ähnlichkeit der jeweils übereinanderliegenden Öle gefolgert, daß die Migration vom Devon ins Karbon und Perm ging. Diese Ansicht wird auch durch einige andere Ergebnisse gestützt. MEINHOLD

OFF, T.

Rhythmic linear sand bodies caused by tidal currents

„Bull. Amer. Ass. Petrol. Geol.", Tulsa, **47** (1963), 2, S. 324 bis 341, 20 Abb.

Es wurden Tiefenkarten von Küstenzonen untersucht, welche Gezeitenhübe über 10 Fuß haben. Diese starken Ströme beeinflussen stark die Sedimentation. Zwei Typen von Sandkörpern entstehen:

1. Gezeitenrücken, rhythmische Serien von Rücken, 8–23 m hoch, 8–70 km lang, mit einem Abstand von 2 bis 10 km. Meist bestehen sie aus Sand, manchmal aus Schluff und Schlamm. Der Abstand ist proportional der Wassertiefe. Ihre Entstehung leitet sich aus Strömungskanälen ab bei Strömungsgeschwindigkeiten zwischen 1 und 5 Knoten.
2. Sandwellen, große Rippelmarken senkrecht zur Stromrichtung mit Höhen über 8 m, gut ausgebildet in der Nordsee.

Diese Körper sind auch in der geologischen Vergangenheit zu erwarten, wofür Beispiele gegeben werden (z. B. eine Reihe von shoestring-Sanden). Die Beispiele für rezente Körper dieser Art werden beschrieben von Korea, vom Persischen Golf, der Gangesmündung, Amazonasmündung, von Ostborneo, Afrika, Australien, der Nordsee u. a.

MEINHOLD

JAKOWLJEW, B. A.

Die Bekämpfung der Schichtwässer beim Luftbohren

„Gostoptechisdat" (1962); 56 S., 15 Abb., 6 Tab., 15 Kop.

Es werden grundlegende praktische Empfehlungen für die Bekämpfung von Schicht- und Lagerstättenwasser beim Luftbohren in den USA und Kanada gegeben. Eine besondere Aufmerksamkeit wird der Frage einer bestimmten Bohrmethode in Abhängigkeit von der Intensität der Wasserzuflüsse geschenkt. Das Buch wird für Institute, Techniker, Ingenieure und Mitarbeiter von Luftbohrungen empfohlen, da es eine kritische Zusammenstellung der bisherigen praktischen Ergebnisse darstellt. B. HEYNE

Neuerscheinungen und Literaturhinweise

KREJTER, W. M.

Die Stadien des Erkundungsprozesses und die Dichte des Netzes der Erkundungsaufschlüsse

Aus: W. M. KREJTER, Poiski i raswedki polesnych is kopaemych. 2. Ausg. Text. 2. 1961, S. 73–75

PETERSON, N. P.

Geology and ore deposits of the Globe — Miami district, Arizona

Geological Survey professional Paper. 342, Washington 1962, 151 S.

ŠEMŠURIN, W. A.

Methodische Anleitung für die Radiowellensondierung bei der Erkundung unterirdischer Wässer in der ariden Zone

Gosgeoltechisdat, Moskau 1962, 45 S.

SOKOLOWA, E. I.

Physikalisch-chemische Untersuchung von sedimentären Eisen- und Manganerzen und ihren Nebengesteinen

Verl. AN SSSR, Moskau 1962, 214 S.

Anonym

Theoretische Fragen der Erdölgeologie

Verl. AN Ukrain. SSR, Kiew 1962, 142 S.

Nachrichten und Informationen

Neue Rohstoffe in der VR Polen aufgefunden

Zahlreiche Quarzitlager wurden in Bukowa Gora angetroffen, die als wertvoller Rohstoff für die feuersicheres Material herstellende Industrie sowie für das Straßenbauwesen gelten.

In der Nähe von Jaworzna und Sitkowka wurden beträchtliche Vorräte an devonischen Dolomiten und Kalksteinen erkundet. Dolomite und Kalksteine werden für die in Nowiny errichteten großen Werke für die Zement- und Kalkproduktion, deren Leistungsfähigkeit 1 Mill. t Zement und 200000 t Kalk jährlich betragen wird, benötigt. In Zukunft werden in diesem Bezirk neue Industriebetriebe entstehen, die u. a. Kalk für die chemische, Lebensmittel- und Bauindustrie herstellen werden.

Verschiedene andere Rohstoffe wurden auch in der Umgebung von Rudki—Lagow erkundet. –s–

Ein neues Hüttenkombinat in der ČSSR

Ein großes Hüttenkombinat, dessen Bauten eine Fläche von 700 ha beanspruchen werden, soll im Gebiet der Ostslowakischen Eisenwerke mit Hilfe der Sowjetunion errichtet werden. Das Kaltwalzwerk und ein großes Heizkraftwerk sind bereits im Bau. 1964 sollen auch die Koksofenbatterien, die Hochöfen und die Breitbandblechstraße fertiggestellt werden. Der Beginn der Stahlproduktion ist für 1965 geplant. —Ha—

Ein Tagebaugigant in Kasachstan

Der bisher größte Tagebau der Welt zur Förderung von Steinkohle soll bei Pawlodar im Nordosten Kasachstans errichtet werden. Er wird eine Mulde von etwa 70 km² Fläche und mehreren 100 m Tiefe erzeugen. Als Arbeitsgerät wurde

u. a. ein Schaufelradbagger konstruiert, der Steinkohlenflöze mit festen Gesteinszwischenlagen zu bearbeiten und 2000 bis 2500 t in der Stunde zu bewegen vermag. – Ha –

Erdöl/Erdgas

Die Welterdölförderung im 1. Halbjahr 1963

Über die Welterdölförderung im 1. Halbjahr von 1962 und 1963 wird von „Petroleum Press-Service“ folgender Überblick (in 1000 t) gegeben:

	1. Halbjahr		Zunahme
	1962	1963	%
Nordamerika	195290	200750	2,8
davon USA	179012	183000	2,2
Lateinamerika u. carib. Gebiet	109067	112500	3,1
davon Venezuela	83064	85500	3,0
Naher Osten (einschließl. VAR)	150348	171313	13,6
davon Kuweit	44511	48223	8,4
Saudi-Arabien	36888	40000	8,4
Iran	31080	37300	19,5
Irak	24530	27040	10,2
Neutrale Zone	5341	9000	68,5
Qatar	4320	4475	3,6
Afrika	14778	22580	52,7
davon Algerien	10134	11770	15,5
Libyen	2290	8200	258,1
Westeuropa	8346	8612	3,2
davon Westdeutschland	3276	3472	6,0
Ferner Osten	14652	15386	5,0
davon Indonesien	11385	11900	4,5
Sozialistische Länder	99323	109755	10,5
davon Sowjetunion	89400	99000	10,7
Rumänien	5805	6100	5,1
China	2700	3100	14,8
Welt insgesamt (ohne kleine Förderländer)	709309	749096	8,3

— Ha —

Erdölsuche in Südschweden

Der Reichsverband der Ölverbraucher Schwedens, der Sveriges Oljekonsumenters Riksförbund (OK), hat bei der schwedischen Regierung eine Mutungskonzession beantragt. Der OK will in bestimmten Teilen der Landschaft Schonen nach Erdöl, Erdgas und Salz suchen. (Nach „Brennstoff-Chemie“ 1/63.)

Frühere Bohrungen haben ergeben, daß in den fraglichen Gebieten Spuren von Erdöl und Erdgas sowie Salzlagerstätten vorhanden sind, deren geologische Struktur den entsprechenden Vorkommen in Norddeutschland und den Niederlanden in hohem Maße ähnelt. – s –

Aufschwung der Erdölförderung in Österreich

Die reichen Erdölfunde im mesozoischen Untergrund des Wiener Beckens im Bereich von Schönkirchen haben nach einem dauernden Rückgang in den letzten Jahren einen neuen Anstieg der Erdölförderung in Österreich mit sich gebracht. Von den bei Schönkirchen niedergebrachten Bohrungen sind ab September 1962 vier fündig geworden und weisen eine Tagesleistung von zusammen 642 t auf. Von sechs neuen Bohrungen, mit denen begonnen wurde, werden weitere Erfolge erwartet. In Gesamtösterreich hat sich im ersten Halbjahr 1963 mit 1,28 Mill. t Förderung eine Steigerung gegenüber der Vergleichszeit des Vorjahrs um 9,3% ergeben. Etwa 92% der österreichischen Gesamtförderung wurden aus den Feldern der staatlichen „Österreichischen Mineralölverwaltungs-AG“ (ÖMV) geliefert, der Rest hauptsächlich aus amerikanischen Konzessionsgebieten. — Ha —

Erdöl im Golf von Suez

Ägyptische Wissenschaftler halten den Golf von Suez für ein großes, noch unerforschtes Erdölgebiet. Wegen der hohen Kosten von Unterwasserforschung und Unterwasserproduktion ist hier bis jetzt noch wenig unternommen worden. Von Ägyptens „General Petroleum Corp.“ wird z. Z. der submarine Streifen längs der Westküste zwischen Karim und Ras Gemsa erforscht. An der Ostküste befaßt sich eine ägyptisch-italienische Gesellschaft mit der Umgebung des bedeutenden Belayim-Unterwasserfeldes. Dort sind die dritte und vierte Unterwasserbohrung fertiggestellt worden. Die fünfte nähert sich der Vollendung. Die Produktionskapazität einer jeden wird auf mindestens 450 t täglich geschätzt. Der auf dem Lande gelegene Teil des Ölgebiets von Belayim ist bis jetzt Ägyptens produktivstes Ölfeld. Es erbrachte 1961 5000 t täglich. — Ha —

Steigende Erdgasproduktion in Westdeutschland

In Westdeutschland wird für 1963 eine Gesamtproduktion von Erdgas im Umfang von über eine Milliarde m^3 gegenüber 616 Mill. m^3 im Vorjahr erwartet. Die Frostperiode des letzten Winters und die Anlage neuer Leitungen trugen zu den gesteigerten Anstrengungen der Förderung wesentlich bei. Im Emsland und dem Weser-Ems-Gebiet war die Steigerung im 1. Quartal 1963 am größten. In diesem Quartal verteilte sich die Förderung auf die einzelnen Gebiete wie folgt: Emsland 84 Mill. m^3, Alpenvorland 81,1 Mill. m^3, Weser-Ems-Gebiet 69,9 Mill. m^3, Oberrheintal 17,8 Mill. m^3, Hannover 7,9 Mill. m^3. Rehden lieferte allein 63,5 Mill. m^3. — Ha —

Sonstiges

Die Kohle in Indien

Indien besitzt bedeutende Kohlevorkommen, es steht unter den kohleproduzierenden Ländern der Welt etwa an siebenter Stelle. Produktion und Transport haben jedoch noch mit großen Schwierigkeiten zu kämpfen. Die hauptsächlichen Vorkommen befinden sich im Gebiet des Gondwanasystems. Dieses umfaßt die Provinzen Bengalen, Bihar, Orissa, Zentralindien, Madhja Pradesch und Haidarabad. Die Kohle wird zu 20% aus Tertiärablagerungen (besonders in Assam und Radschastan) und zum größeren Teil aus Vorkommen in den Gondwanaschichten gefördert. Am produktivsten sind die Felder von Bihar und Westbengalen. Hier liegen etwa 90% der Gesamtproduktion. Diese Gebiete liefern eine Kohle, die für die Metallindustrie unmittelbar verwendbar ist. Tertiärkohle ist außer in Assam und Radschastan auch in Kaschmir, Madhja Pradesch und Madras vorhanden. Ein neues Feld wurde vor kurzem in Sikkim im Rangit-Tal gefunden.

Die Vorräte der bis 300 m unter Tage liegenden Flöze sollen sich auf 66 Mrd. t belaufen. Dazu kommen 2 Mrd. t verkokbarer Kohle. Die Gesamtvorräte an Gondwana-Kohle werden vom „Geological Survey of India“ auf 38 Mrd. t, die an Tertiär-Kohle auf 45 Mrd. t geschätzt. Die Produktion betrug 1955 insgesamt 38,81 Mill. t und stieg bis 1960 auf 52,59, 1961 auf 56,19 Mill. t. 1962 betrug die Gesamtproduktion rund 60 Mill. t. Das Planziel einer Gesamtproduktion von jährlich 97 Mill. t ab 1965 soll zum größten Teil des Zuwachses durch einen Ausbau der staatlichen Betriebe erreicht werden. Die Zahl der Beschäftigten war 1962 auf 397000 angewachsen.

Die indische Stahlindustrie verbraucht seit Ende 1960 etwa 9 Mill. t gewaschener Kohle, wofür die vorhandenen Kohlewäschereien nicht ausreichen. Drei neue sollen errichtet werden.

In Südindien, das keine Steinkohlenvorkommen aufweist, wird die Förderung der Braunkohle von Neyveli von der Regierung energisch vorangetrieben. Die Organisation „South Arcot Lignite Project“, die die Förderung betreibt, hat dort mit technischer Unterstützung der Deutschen Demokratischen Republik ein Werk errichtet, das jährlich 380000 t Braunkohlenbriketts produzieren soll. — Ha —

Der Eisenerzbergbau in Goa (Indien)

In Goa treten Eisenerzlagerstätten mit bauwürdigen Mächtigkeiten von 15 und 20 m, vereinzelt über 30 m, auf. Die aus präkambrischen lateritisch verwitterten Eisenquarziten entstandenen Lager fallen meist mit 30—50° ein. Die Oberfläche des Gebiets ist von 10—30 m, teilweise auch

100 m mächtigen, eisenreichen Decken überzogen. Festes Hämatitstückerz mit Gehalten von 55—62% Fe findet sich in oberflächennahen Lagerstättenteilen; leicht zerfallendes Feinerz („blue dust") mit 60—65% Fe in tiefen Teilen der Lagerstätte. Infolge eines hohen Porenvolumens beträgt das spez. Gewicht durchschnittlich nur 3,5 („Erzbergbau u. Metallhüttenwesen", 8/63). Der Al_2O_3-Gehalt von Exporterzen wird bei Stückerz mit 5,75—7,32%, bei Feinerz mit 3,29% angegeben. Die Vorräte sollen über 100 Mill. t betragen. —s—

Peruanische Erzlieferungen an europäische Länder des sozialistischen Lagers

Die ehemalige peruanische Regierung verbot im März 1953 alle Einfuhr aus europäischen Ländern des sozialistischen Lagers mit Ausnahme der ČSSR. Das hinderte aber nicht daran, daß auch während der letzten zehn Jahre ständig gewisse Mengen peruanischer Erze sowohl in die ČSSR als auch in die VR Ungarn, die VR Polen und die SFR Jugoslawien gingen. Im Jahre 1962 beliefen sich diese Exporte auf 2,6 Mill. $ US.

Anfang Mai sah sich die derzeitige peruanische Militärregierung veranlaßt, festzustellen, daß zwar die erwähnten Einfuhrbeschränkungen unverändert weiterbestehen, daß aber diese Erzlieferungen in Zukunft nicht nur stillschweigend geduldet werden, sondern, ausdrücklich anerkannt, keinen Beschränkungen unterliegen. Z. F. R.

Kali aus dem Toten Meer

Durch Solarevaporation aus dem Wasser des Toten Meeres in großen „Salzgärten" soll das Carnallit-Rohmaterial für ein Kaliwerk gewonnen werden, dessen Bau in Safi (Jordanien) geplant ist und für das eine Jahreskapazität von 250000 t mit 60—61% K_2O vorgesehen ist. In den Salzgärten, die sich längs der Küste 30 km weit hinziehen werden, soll aus dem 1% Kaliumchlorid enthaltenden Wasser Carnallit mit 20% Gehalt evaporiert und zur Vermahlung nach Safi transportiert werden. Der Produktionsbeginn ist für Mitte 1964 geplant. Ein ähnliches Projekt wird von Israel für die Dead Sea Works bei Sodom verfolgt, die ihre Produktion dadurch ab 1965 von 150000 auf 600000 t erhöhen zu können hoffen. —Ha—

Untersuchung von Kassiteritseifen Indonesiens

Neben den seit langem bekannten Zinnsteinseifen vor allem von Bangka, Billiton und Singkep, auf anderen Inseln des Riau-Archipels und bei Bang-Kinang (Zentralsumatra) gibt es Vorkommen in einem bis zu 8 km breiten Meeresstreifen rund um die genannten Inseln. Die Untersuchung der unter geringer Bedeckung liegenden Seifen erfolgt mit einem Handbohrgerät. Hauptkonzentrationen befinden sich über Biotitgraniten und ihren Kontaktzonen. Submarine Seifen werden mit Hilfe sonischer Methoden („Erzbergbau und Metallhüttenwesen", 6/63) untersucht. Bei diesem Verfahren werden Schallwellen zum Meeresboden entsandt. An den rezenten Sedimentoberflächen und am prätertiären Untergrund mit besonders erzhöffigen Talsohlen reflektieren die Wellen. Mit Hilfe eines Wasserstrahlbohrgerätes wird an diesen Stellen gebohrt. Bei einem Ertrag von mindestens 400 kg Zinnmetall aus 1000 m³ Grund wird der Abbau als lohnend beurteilt. —s—

Gerät für die Untersuchung von Bohrlöchern

Das Gerät dient bei der Untersuchung von Bohrlöchern der Messung der Druckdifferenzen zwischen zwei benachbarten Niveauhöhen. Aus den Messungen lassen sich Aufschlüsse über die Dichte der das Bohrloch anfüllenden Flüssigkeiten gewinnen. Die Grundzüge der Konstruktion eines solchen Gerätes ergeben sich aus der französischen Patentanmeldung PV 764676 vom 2. 5. 1958.

Nunmehr werden einige Verbesserungen vorgenommen, die ebenfalls zum Patent angemeldet wurden. Anstelle der bisher benutzten Membran aus Elasto-Material werden jetzt als Druckaufnahmeorgane metallische Membranen verwendet, deren bewegliche Böden zu dem gleichen Ende des Gerätes hingekehrt sind und deren innere Volumina Druckaufnahmekammern bilden. Die Differenzmeßmittel für die Verformungen der Druckaufnahmeorgane weisen einen metallischen Meßbalg auf, dessen beweglicher Boden an einen elektrischen Umwandler angeschlossen ist. Das Innenvolumen dieses Balges steht durch einen Kanal geringen Durchmessers mit einer der Druckaufnahmekammern in Verbindung, während die andere Druckaufnahmekammer durch einen zweiten ähnlichen Kanal mit dem Teil der Vergleichskammer außen um den Balg herum in Verbindung steht.

Die charakteristischen Eigenschaften der verbesserten Sonde ergeben sich aus dem in der Abbildung dargestellten Ausführungsbeispiel.

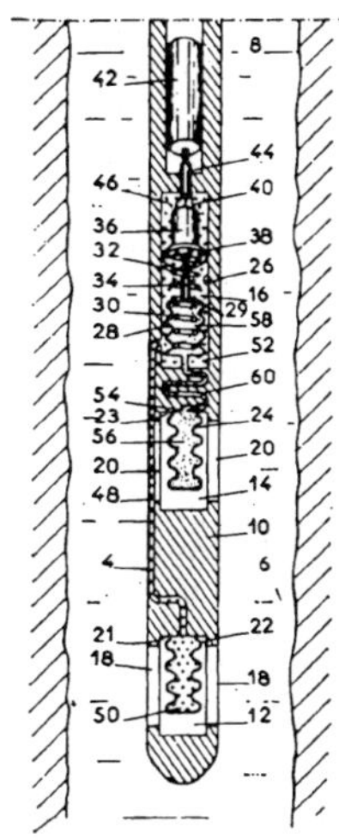

Eine Sonde (4) ist in ein Bohrloch (8) hinabgesenkt. Sie besteht aus einem langgezogenen zylindrischen starren Körper (10), in dem sich drei zylindrische und mit dem Körper (10) koaxiale Aushöhlungen (12, 14) und (16) befinden. Die beiden Aushöhlungen (12 und 14) sind in dem unteren und mittleren Teil des Körpers (10) vorgesehen und stehen durch Seitenöffnungen (18 und 20) verhältnismäßig geringen Ausmaßes mit außen in Verbindung. An der oberen Fläche (21) der Aushöhlung (12) ist ein metallischer Balg (22) etwa zylindrischer Form befestigt, der koaxial zum Körper (10) angeordnet ist. Ein ähnlicher Balg (24) ist in gleicher Weise an der oberen Fläche (23) der Aushöhlung (14) befestigt. Die Aushöhlung (16) enthält von unten nach oben einen Meßbalg (28) mit einer inneren Feder (30) und einer äußeren Feder (32), die gegeneinanderwirken, und eine Verbindungsstange (34) zu einem Meßgerät, das einen dem Differenzdruck entsprechenden Weg linear in eine elektrische Steuergröße umformt. Die beiden dichten Einschlüsse, die entsprechend durch die Kammer (50) und den Kanal (48) und das Volumen (52) sowie durch die Kammer (56), den Kanal (54) und das Volumen (58) gebildet werden, haben etwa das gleiche Gesamtvolumen. Diese beiden Einschlüsse sind sorgfältig mittels einer Vakuumpumpe mit Kerosin gefüllt.

Unter der Wirkung einer starken Temperaturerhöhung auf die Sonde (4) dehnt sich das Kerosin beträchtlich aus, und die Bälge (22) und (24) nehmen diese Ausdehnung auf. Andererseits erfahren die Bälge (22) und (24) unter der Wirkung des Druckes der das Bohrloch anfüllenden Flüssigkeiten, mit denen sie durch die Seitenöffnungen (18) und (20) in Kontakt stehen, Wirkungen die, den absolut auftretenden Drücken proportional und dem Kompressibilitätskoeffizienten des Kerosins umgekehrt proportional sind.

DBP.-Anm.: 1144665 H. FRIEDEMANN

Einrichtung zur Registrierung der Schallhärte des Bodens eines Gewässers

Mit Hilfe der neuartigen Einrichtung ist es möglich, eine flächenhafte Darstellung der Bodenbeschaffenheit eines Gewässers nach Art einer topographischen Karte zu erhalten. Dabei wird von der Tatsache Gebrauch gemacht, daß sich das Schallreflektionsvermögen mit der Bodenbeschaffenheit ändert. So reflektiert z. B. ein felsiger Boden den Schall sehr gut, während ein schlammiger Boden den Schall zum größten Teil absorbiert. Zu diesem Zwecke wird statt eines einzigen schwenkbaren Schallstrahlers eine Vielzahl von nichtschwenkbaren Schallstrahlern eingesetzt, denen eine entsprechend große Anzahl von Registrierorganen zugeordnet ist.

In der Zeichnung sind ein Gesamtschaltbild der Einrichtung und zwei Zeitdiagramme zur Erläuterung dargestellt.

Ein Meßschiff 1 ist zur Verbreiterung der bei einer Längsfahrt zu überdeckenden Fläche mit seitlich angebrachten

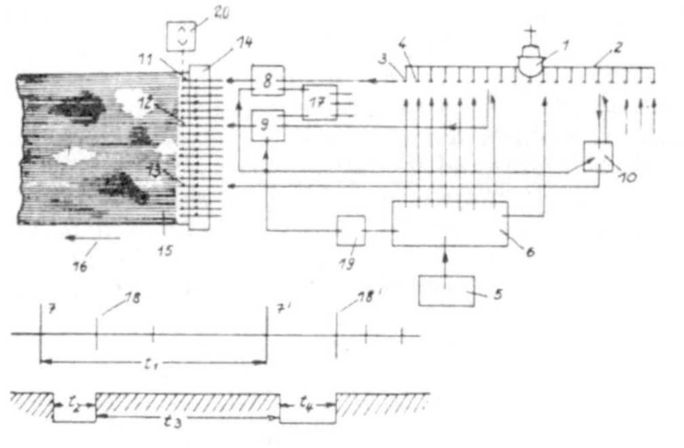

Auslegern 2 versehen, an denen eine Vielzahl von Sender-Empfängern angebracht ist. Die einzelnen Sender-Empfänger 3, 4 usw. sind zweckmäßig im gleichen Abstand voneinander angeordnet und haben quer zur Fahrtrichtung des Schiffs eine solche Wirkung, daß der überfahrene Meeresgrund lückenlos von der Gesamtheit der Sender und der Gesamtheit der Empfänger erfaßt wird. Ein Taktgeber 5 erzeugt die periodischen Impulse. Gibt er ein Signal an die Sende-Einrichtung 6 ab, so entsteht ein kurzer akustischer Impuls 7 genügender Leistung an allen Meßstellen der Sender 3, 4 usw.

Alle Empfänger der Meßstellen 3, 4 usw. sind getrennt den zugehörigen Verstärkern 8, 9, 10 usw. zugeführt. Die Ausgänge aller Verstärker sind den zugehörigen Schreibfedern 11, 12, 13 zugeleitet, an denen also bei Echoeinfall Spannungsspitzen entstehen, die von der Größe der Echoamplitude abhängig sind. Jeder Empfangsverstärker arbeitet so, daß auf dem Registrierstreifen alle Echos des Bodens nur der Amplitude nachregistriert werden, wodurch das Registrierpapier je nach Schallhärte, also je nach Reflexionsvermögen des Meeresbodens, verschieden gefärbt wird. Verwendet man ein hellgraues, fast weißes Papier, so wird also ein weicher Grund als heller Fleck dargestellt und ein fester Grund, z. B. ein Stein, als schwarzer Fleck. Alle Zwischenwerte sind möglich, wodurch auf dem Registrierstreifen ein getreues Bild des Meeresbodens entsteht.

DBP.-Anm.: 1153179. H. Friedemann

Verfahren zum Bohren durchlässiger Gebirgsschichten

Bei dem Bohren tiefer Bohrungen in durchlässigen Gebirgsschichten unter Verwendung einer Spülungsflüssigkeit ist es üblich, in diese feste Teilchen einzubringen, die sich an den Wänden des Bohrlochs und an dessen Boden ablagern, während die Spülungsflüssigkeit unter dem im Bohrloch herrschenden Druck in das Gebirge eindringt. Dabei wird eine Filterschicht an der Wand des Bohrlochs gebildet, die die weitere Infiltration in das Gebirge behindert oder sogar fast unterbricht. Die Filterschicht trennt die unter hohem Druck stehende Zone des Bohrlochs von der unter niederem Druck stehenden flüssigkeitsgesättigten Gebirgsschicht. Dadurch entsteht ein hoher Druckabfall, der einen sehr unvorteilhaften Einfluß auf die Bohrleistung hat.

Nach dem neuen, zum Patent angemeldeten Verfahren wird das Gebirge nicht durch eine Bindeschicht an der Bohrlochwand, sondern so weit als möglich innerhalb des Gebirges selbst in einem gewissen Abstand von der Bohrlochwand abgedichtet.

Dies geschieht durch geeignete Auswahl und Zusammensetzung der Spülungsflüssigkeit unter Berücksichtigung der Art und des Poreninhalts der Gebirgsschicht. Vor allem soll die Spülungsflüssigkeit keine festen Teilchen enthalten, die eine im wesentlichen undurchdringliche Filterschicht aufbauen können. Das sind besonders Substanzen, die zusammen mit Salzwasser zu einem Niederschlag oder zur Auflockerung führen (Bleisalze, wie Bleiazetat und Natriumseifen, z. B. Natriumstearat).

Eine andere Möglichkeit besteht darin, daß man eine solche Spülungsflüssigkeit verwendet, die bei Verdünnung mit salzigem oder frischem Wasser aus dem Gebirge einen Niederschlag bewirkt (Lösung von Bitumen in Pyridin oder Paraffinwachs in Methyläthylketon).

Ein weiteres Verfahren benutzt einen hohen Viskositätsanstieg der Bohrflüssigkeit nach ihrem Eintritt in die Gesteinsschicht. Hierfür geeignet ist beispielsweise eine Aluminiumcarboxymethylcellulose, gelöst in einer alkalischen Flüssigkeit. H. Friedemann

Künftige Pipeline-Systeme in Indien

Die ersten Erdgaspipelines in Indien wurden 1963 im Staate Gujarat verlegt. Das erste Baustadium von weiteren Pipelines ist jetzt in Vorbereitung: von Cambay nach Dhuvaran, von Ankleshwar nach Uttran, von Kalol nach Ahmedabad. Im ganzen sind 250 Meilen Pipeline projektiert, die etwa 1 Mill. m³ täglich befördern sollen. Außerdem sind in Gujarat zwei Erdölleitungen in Vorbereitung, von denen die eine Ankleshwar mit Koyali und die andere Kalol mit Koyali verbinden soll; Ha.

Kurznachrichten

Der **Erdölverbrauch** im 1. Halbjahr 1963 betrug in Westdeutschland 21,7 Mill. t, in Großbritannien 21,6 Mill. t und in Frankreich 15 Mill. t. Die Verbrauchssteigerung gegenüber dem 1. Halbjahr 1962 betrug in Westdeutschland und Frankreich 21%, in Großbritannien 11,9%.

Die **Erdgasförderung** in **Westdeutschland** stieg im ersten Halbjahr 1963 auf 460,3 Mill. m³ und damit um 41% gegenüber dem zweiten Halbjahr 1962.

In **Oberösterreich** wurden im 1. Halbjahr 1963 42709 t **Rohöl** gefördert, gegenüber 38404 t in der Vergleichszeit von 1962. Die Steigerung ist der Förderung aus dem Feld Kohleck im Kobenauer Wald und den seit kurzem produzierenden Sonden Schwanenstedt 2 und Voitsberg 1 zu verdanken.

Ein **Pipelinesystem,** das die Versorgung des Gesamtgebiets der **Niederlande** mit Erdgas aus dem nunmehr auf 1,2 Billionen m³ geschätzten Erdgasvorkommen von Slochteren ermöglichen soll, will die halbstaatliche Gesellschaft „Gas Unie" innerhalb von 2 Jahren fertigstellen.

Bei Shetybaj auf der Halbinsel **Mangyschlak** am Kaspischen Meer wurden in 1800 m und 2600 m Teufe erdölführende Schichten angetroffen. Eine der Bohrungen liefert 233 t/Tag Erdöl und 33000 m³/Tag Erdgas.

Die **Erdölförderung** der Länder des **Nahen Ostens** betrug im 1. Halbjahr 1963 169,8 Mill. t und war um 13,25% höher als in der Vergleichszeit des Vorjahres. Kuweit produzierte 48,2, Iran 36,7 und Irak 27,7 Mill. t.

In **Libyen** wurde östlich der Bohrung Facha 1, 180 km südlich der Küste, ein neues ergiebiges **Erdölfeld** erbohrt.

Mit 247 Mill. t überstieg 1962 die **Braunkohlenförderung der DDR,** die größte der Welt, die Förderung von 1950 um 110 Mill. t. 1963 hat sie die 250-Millionen-Grenze überschritten.

Die **Eisenerzvorkommen** in der bolivianischen Provinz **Santa Cruz** werden von der US-Zeitschrift „Mining Journal" auf etwa 50 Mrd. t mit 53% Fe geschätzt.

Bei Umanak auf **Grönland** wurden **Bleierzvorkommen** von hoher Qualität entdeckt, deren Vorräte auf eine halbe Million t geschätzt werden.

Eine **Zinnproduktion** von 12000 t wird in der **Republik Kongo** für 1965 geplant (gegenüber 8000 t in den letzten Jahren), was jedoch die Beschaffung moderner Bergwerksausrüstungen voraussetzt.

Die Produktion von **Rohphosphaten** für die Düngemittelindustrie soll in **Marokko,** das 21% der Weltproduktion liefert, bis 1965 um jährlich 3 Mill. t gesteigert werden.

Im **Schieferbecken Estlands** wurde bei Sirgala der erste Abschnitt eines Steinbruchs in Betrieb genommen, der etwa 1400000 t jährlich liefern und ab 1965 nach Fertigstellung des vierten Abschnitts der größte Betrieb dieser Art in Estland sein wird.

Ein **Bohrlochgammaspektrometer** (SGS—1), das aus 3000 m Teufe über ein Kabel Informationen sendet, die automatisch dechiffriert werden, wurde in der Sowjetunion entwickelt.

Herausgeber: Staatliche Geologische Kommission und Zentrale Vorratskommission für mineralische Rohstoffe der Deutschen Demokratischen Republik. Für die kollektive Chefredaktion: Dr. K. KAUTER (Redaktionssekretär), Berlin. Redaktion: Berlin N 4, Invalidenstraße 44. Verlag: Akademie-Verlag GmbH, Berlin W 8, Leipziger Straße 3–4 (Fernsprecher 220441, Telex 011773, Postscheckkonto: Berlin 35021). Bestellnummer des Heftes 1047/10/2. Alleinige Anzeigenannahme DEWAG-WERBUNG, Berlin C 2, Rosenthaler Str. 28/31, und alle DEWAG-Betriebe in den Bezirksstädten der DDR. Die „Zeitschrift für angewandte Geologie“ erscheint monatlich. Bezugspreis 2,– DM je Heft. – Satz und Druck: VEB Druckhaus „Maxim Gorki“, Altenburg. Veröffentlicht unter der Lizenznummer 1279 des Presseamtes beim Vorsitzenden des Ministerrates der Deutschen Demokratischen Republik. Kartengenehmigung: Nr. 1242, 4

34114

SCHRIFTENREIHE DES PRAKTISCHEN GEOLOGEN

Herausgegeben im Auftrage der Staatlichen Geologischen Kommission
und der Zentralen Vorratskommission für mineralische Rohstoffe
der Deutschen Demokratischen Republik
von Prof. Dr. E. Kautzsch, Dr. F. Stammberger, Dr. G. Tischendorf

In der „Schriftenreihe des praktischen Geologen" werden auf knappem Raum die neuesten wissenschaftlichen Erkenntnisse und die modernsten Methoden in der Lagerstättenerkundung behandelt, um sie schnell für die Praxis nutzbar zu machen. Die Schriftenreihe leistet damit einen wichtigen Beitrag zur Erfüllung der Aufgabe, die Wissenschaft unmittelbar als Produktivkraft wirksam werden zu lassen. Die einzelnen Bände behandeln wichtige, nach Schwerpunkten ausgewählte Spezialthemen und sind wertvolle Arbeitsmittel für alle in der Praxis tätigen Geologen. Die Schriftenreihe verdient insbesondere auch die Aufmerksamkeit unserer Hoch- und Fachschulen, da die gut ausgestatteten handlichen Bücher bestens geeignet sind, die Studenten mit den Problemen der praktischen Arbeit vertraut zu machen.

Bisher erschienen

Band 1: Friedrich Stammberger

Einführung in die Berechnung von Lagerstättenvorräten fester mineralischer Rohstoffe

1956 — 153 Seiten — 78 Abbildungen — 14,7 × 21,5 cm — Halblederin DM 7.50 — vergriffen

Band 2: Fjodor I. Wolfson

Die Strukturen der endogenen Erzlagerstätten

1960 — 148 Seiten — 76 Abbildungen — 14,7 × 21,5 cm — Halblederin DM 8.—

Band 3: Rudolf Meinhold

Erdölgeologie

1962 — 227 Seiten — 95 Abbildungen — 20 Tabellen — 14,7 × 21,5 cm — Halblederin DM 25.50

Band 4: Klaus Lehnert · Klaus Rothe

Geophysikalische Bohrlochmessungen

1962 — 300 Seiten — 102 Abbildungen — 14,7 × 21,5 cm — Halblederin DM 33.—

Band 5: Michail A. Shdanow

Methoden der Berechnung von Lagerstättenvorräten an Erdöl und Erdgas

1963 — 172 Seiten — 18 Abbildungen — 29 Tabellen — 14,7 × 21,5 cm — Halblederin DM 22.—

Band 6: Alexander N. Snarskij

Die geologische Betreuung beim Bohren auf Erdöl und Erdgas

1963 — 204 Seiten — 80 Abbildungen — 26 Tabellen — 14,7×21,5 cm — Halblederin DM 22,50

Band 7: Alexander N. Snarskij

Suche und Erkundung von Erdöl- und Erdgaslagerstätten

1963 — 266 Seiten — 93 Abbildungen — 27 Tabellen — 14,7×21,5 cm — Halblederin DM 27,—

Band 8: Alexander N. Snarskij

Die geologischen Grundlagen des Abbaus von Erdöl- und Erdgaslagerstätten

1964 — 279 Seiten — 91 Abbildungen — 26 Tabellen — 14,7×21,5 cm — Halblederin etwa DM 21,—

Bestellungen durch eine Buchhandlung erbeten

A K A D E M I E - V E R L A G · B E R L I N

FSC
www.fsc.org
MIX
Papier | Fördert gute Waldnutzung
FSC® C083411

Zeitfracht Medien GmbH
Ferdinand-Jühlke-Straße 7
99095 Erfurt, Deutschland
produktsicherheit@kolibri360.de